2021年度日本建築学会設計競技優秀作品集

まちづくりの核として福祉を考える

CONTENTS

刊行にあたって •日本建築学会 …… 2
あいさつ •冨永 祥子 …… 3
総 評 •乾 久美子 …… 4
全国入選作品・講評 …… 7
　最優秀賞 …… 8
　優秀賞 …… 12
　佳 作 …… 20
　タジマ奨励賞 …… 32
支部入選作品・講評 …… 45
　支部入選 …… 46
応募要項 …… 94
入選者・応募数一覧 …… 97
事業概要・沿革 …… 98
1952～2020年／課題と入選者一覧 …… 98

作品集の刊行にあたって

日本建築学会は、その目的に「建築に関する学術・技術・芸術の進歩発達をはかる」と示されていて、建築界に幅広く会員をもち、会員数３万６千名を擁する学会です。これは「建築」が“Architecture”と訳され、学術・技術・芸術の三つの分野の力をかりて、時間を総合的に組み立てるものであることから、総合性を重視しなければならないためです。

そこで本会は、この目的に照らして設計競技を実施しています。始まったのは1906（明治39）年の「日露戦役記念建築物意匠案懸賞募集」で、以後、数々の設計競技を開催してきました。とくに、1952（昭和27）年度からは、支部共通事業として毎年課題を決めて実施するようになりました。それが今日では若手会員の設計者としての登竜門として周知され、定着したわけです。

ところで、本会にはかねてより建築界最高の建築作品賞として、日本建築学会賞（作品）が設けられており、さらに1995（平成7）年より、各年度の優れた建築に対して作品選奨が設けられました。本事業で、優れた成績を収めた諸氏は、さらにこれらの賞・奨を目指して、研鑽を重ねられることを期待しております。

また、1995年より、本会では支部共通事業である設計競技の成果を広く一般社会に公開することにより、さらにその成果を社会に還元したいと考え、作品集を刊行することになりました。

この作品集が、本会員のみならず建築家を目指す若い設計者、および学生諸君のための指針となる資料として、広く利用されることを期待しています。

日本建築学会

2021年度 支部共通事業　日本建築学会設計競技

「まちづくりの核として福祉を考える」

前事業理事
冨永　祥子

2021年度の設計競技の経過報告は以下の通りである。

第1回設計競技事業委員会（2020年8月開催）において、乾久美子氏（横浜国立大学大学院Y-GSA教授、乾久美子建築設計事務所取締役）に審査委員長を依頼することとした。2021年度の課題は、乾審査委員長より「まちづくりの核として福祉を考える」の提案を受け、各支部から意見を集め、それらをもとに設計競技事業委員・全国審査員合同委員会（2020年12月開催）において課題を決定、審査委員7名による構成で全国審査会を設置した。2021年2月より募集を開始し、同年6月14日に締め切った。応募総数は300作品を数えた。

全国1次審査会（2021年7月28日開催）は、各支部審査を勝ちのぼった支部入選65作品を対象として、審査員のみの非公開とし、全国入選候補12作品とタジマ奨励賞10作品を選考した。全国2次審査会(2021年9月15日開催)は、全国入選候補12作品を対象に、公開審査会として行われ、最優秀賞、優秀賞、佳作を決定した。

今年度は、新型コロナウイルス感染症の拡大防止のため、日本建築学会大会（東海）はオンライン開催となり、例年大会会場にて行う全国2次審査会も2020年度と同様にオンラインにて開催した。審査会は、例年と遜色ない熱心なプレゼンテーションと質疑審議が行われ、各応募者の提案内容はきわめて高い水準であった。まだ予断を許さない状況ではあるが、次年度はまた対面で直接顔を合わせながらの審査に戻れる可能性を期待している。

総　評

まちづくりの核として福祉を考える

審査委員長
乾　久美子

応募作品によって障がいの対象が多岐にわたる福祉を取り扱うことは、これまでのような計画学的な視点でいえば、単純な比較をすることが難しいと思われた。しかし、「まちづくりの核」というテーマを掲げ、具体的な場所があってはじめて可能となる福祉を考えることで、結果として、障がい特性にかかわることなく福祉そのものの可能性を捉えながら提案を比較することができた。以下の受賞した作品を中心に、福祉をひらくことで見えてくる世界を議論することができただろう。

最優秀賞となった「“見えない”が浮き彫りにする輪郭」は、豊かな地形や時間の蓄積を感じる東京都北区王子のまちなみを、中途視覚障がい者にとっての一種の訓練の場ととらえなおすものであった。障がい者の視点を通してまちなみの観察を丁寧に行いつつ、障がいにあわせながら生み出した特異な形の空間を注意深く挿入することで、障がい者にとっても、健常者にとっても魅力のあるエリアを生み出そうとするもので、福祉へのまなざしがまちを再構築するきっかけとなる可能性を感じさせ、また、他の障がいに対しても他のまちの何かの魅力が活かせるのではないかというような、福祉とまちづくりの両方の想像力を広げるような秀逸さがあった。

同じく最優秀賞となった「古き民の家」は、リバースモーゲージを参考にしながら、高齢者福祉と古民家の活用を同時に達成する仕組みを構築している。一見アクロバティックともいえる提案だが、実在する古民家を設定することで、充実した提案へと至ることができたのだと感じる。家を手放すことの残酷さに対する批判に対しては、新しい入居者らにより住みつがれた後、古民家群によってどのような福祉が展開されるのかを提案していくとよいのかもしれない。それによりリバースモーゲージという金融的なサービスを批評的にとらえる視点も導入できるように思う。

「へっこみ○○○のバスまち開き」は、面積ボーナスというインセンティブとユニバーサルデザインに商業的な価値を見出すことで、まち全体を福祉的な配慮に満ちたものへと変化させていくことが提案されていた。地方都市における面積ボーナスの有効性に対する批判はあったが、経済合理性の中に福祉の活動を見出していくという視点は貴重なものであった。

「庄方用水にかけるまちの小景」は、水路の周辺で多様なものごとを溢れ出させる地域の人々の振る舞いに、福祉施設をひらくきっかけを期待するものであった。鉄骨の存在が少し強いように感じたが、水路沿いのまちなみを、福祉が使い直すきっかけを作っていくという設定に説得力があった。また、福祉を通して風景を修復していくような視点を含んでおり、福祉の、まちに対する副次的なポテンシャルを示唆するものとして、とても共感を覚える提案であった。

「40-120cmの世界から」は、コロナなどにより空室率の増加が見込まれるオフィスビルを、バリアフリーに対応をした植物工場へ変えるというもので、すぐにでも実現できそうな提案だと感じた。また、ペーパーワークと健常者で占められてきたオフィスビル街が、都市型農業というプログラムと障がいをもつ人々によって使いなおされていくという設定は、近代都市計画に対する批評としてシャープさを感じさせた。こうしたビルの再利用が増えた際に、どのような都市が生まれるのか、興味のつきない提案である。

「移動販売舎の軌跡」は、過疎地域の買い物弱者に対するサービスである移動販売に、ノードが必要であることと、その在り方を提案したものである。建築のスケールがややオーバーなところはあったが、移動販売という個人の活動をネットワーク化し、物流に変化を起こすことに可能性を感じる。福祉サービスも車両を使う業務が多いことを考えると、こうしたノードが移動販売車だけのものではなく、多機能な福祉のノードにもしていけるのではないかなど、いろいろと想像がふくらむ提案であった。

全国入選作品・講評

最優秀賞
優秀賞
佳作
タジマ奨励賞

支部入選した65作品のうち全国一次審査会・全国二次審査会を経て入選した12作品とタジマ奨励賞10作品です
（4作品は全国入選とタジマ奨励賞の同時受賞）

タジマ奨励賞：学部学生の個人またはグループを対象としてタジマ建築教育振興基金により授与される賞です

“見えない”が浮き彫りにする輪郭

大貫友瑞 *　王子潔　恒川紘和
山内康生　近藤舞
東京藝術大学 *　東京理科大学

CONCEPT

傾斜地の公園を支える長い石垣や選択の余地ゆえに期待をもたらすＹ字路は、街全体から見ればささやかな構成物だが、街に彩りを与え、街の輪郭を形づくっている。“見える”人はそのような街のカケラにどのように接しているだろうか。ただ過ぎていく風景として流してしまっているかもしれない。収集した街のカケラを、顕在化させることで、見えない人も見える人も、より街の輪郭を知覚し始める。

支部講評

建築を考える際に、当たり前を疑うと、新しさにつながる設計ができることが多い。この提案では、中途視覚障がいをもつ人の目が見えない体感が街を変えていくことを提案している。特に音に対しての提案が興味深く、建築を音から再定義していくと、建築の面白さや新しさにつながっていく期待感を感じた。街を歩いて回る際に現れる６つの建築タイプの記述が詳細であったので、歩き回る時の道や広場など公共空間にも、もっと介入してもよいのではないかと感じた。建築の内部空間での操作が、街の屋外空間にも同様に展開していこうとすると生じる難しさや、それを乗り越えていくデザインの面白さが、どう現れるのかが楽しみである。

（西田司）

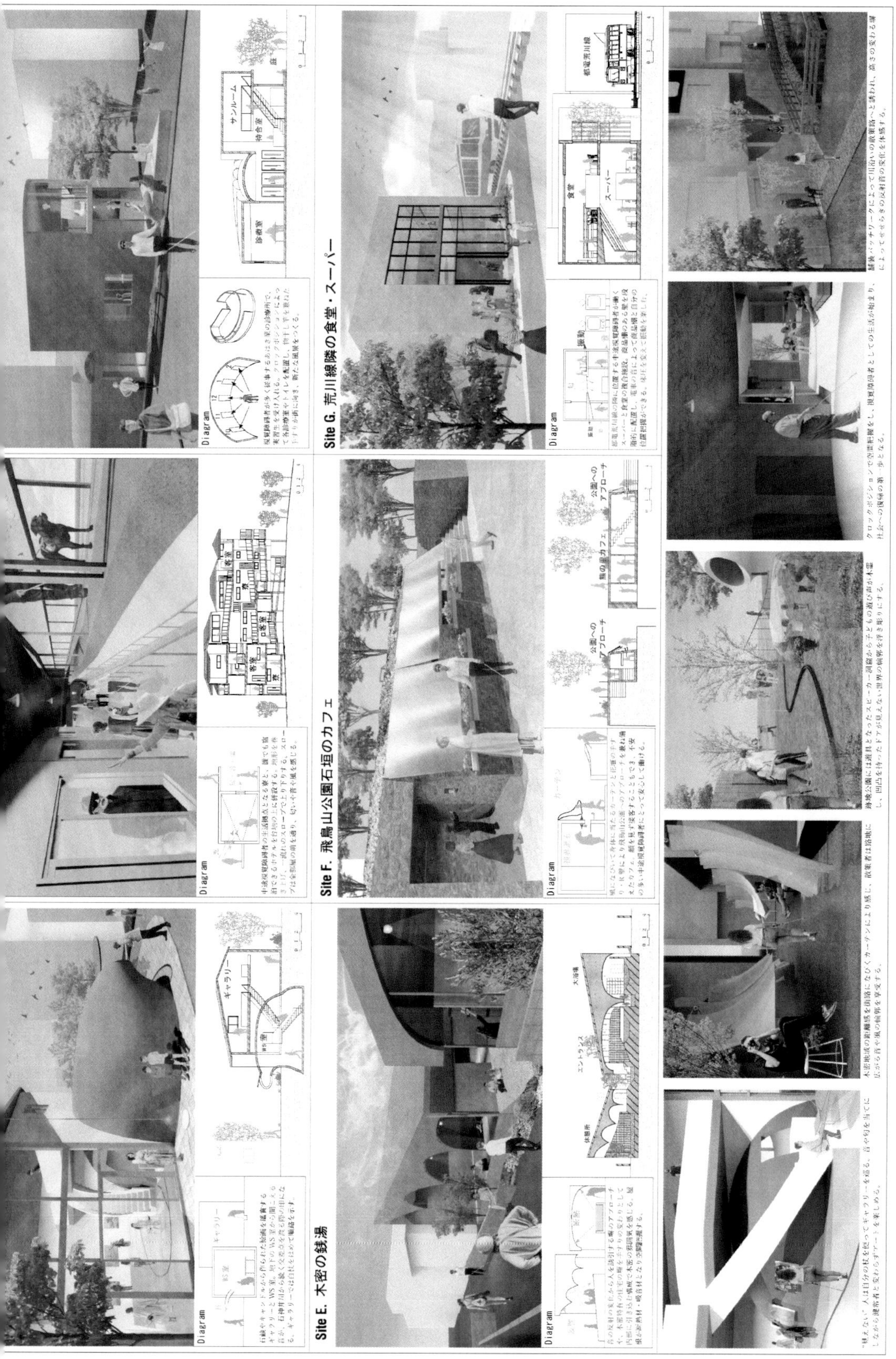

全国講評

明日突然、目が見えなくなったらどうする？　生きていくためには、視覚なしで生活する術を身につけなければならない。中途視覚障がい者が見えない生活に慣れるためのトレーニングの場を東京都北区王子の街に用意する。生活拠点となる寮や、実習のできる診療所、スーパー、カフェなどを点在させ、そしてそれらを結ぶルートには建築的操作によって顕在化された「街のカケラ」が配される計画である。中途視覚障がい者が障がい者として自立するのを支援することへの着目は、福祉の在り方の一側面を気づかせてくれただけでなく、「障がいの有無の間に存在するバリア」といった定型化した認識を乗り越える可能性も提示してくれているのではないか。中途視覚障がい者とは視覚の記憶をもっている人たちであり、ゆえに街の視覚的な記憶を援用しつつ新たな輪郭像を自分の中に結ばなければならない。その過程に寄り添う街の空間は、視覚的な実態の街であると同時に記憶の街であり、そして非視覚によって「なぞられた」街である。その重層性が彼我の境を壁としてではなく、連続した距離として認識させてくれる。中途視覚障がい者と彼らのために設えられた街のトレーニング要素は、提案者の言うように非障がい者にとって街の解像度を上げる効果が期待できるだろう。それらの要素が、再びこちら側で街の輪郭像を結び直すイメージがやや弱い点が惜しまれるが、我々の認識をひらき、シフト変換させ得るポテンシャルが感じられる作品である。

（佐藤淳哉）

古き民の家

―持家福祉制度を古民家に転用するまちづくり―

林凌大　杉本玲音
西尾龍人　石原未悠
愛知工業大学

CONCEPT

民家とは「民」- 社会をつくる人々、「家」- 人々を守る、大家族を支えまちと繋がっていたものである。それは時間が経つにつれ、老いて朽ちる民家として社会に取り残されている「古」民家となり、古民家で暮らす高齢者は血縁では解決できない環境に悩んでいる。そこで持家福祉制度を古民家に転用することで古民家をひらき、かつての大家族をなぞらえるような高齢者と他者、そしてまちとの繋がりをもった生活風景を想像する。

支部講評

知多木綿の産地、愛知県知多市岡田地区に散在する未利用の古民家（個民家／孤民家）のうち、母屋・離れ・納屋・蔵からなるコの字型の民家「コ民家」に注目し、また、持ち家を担保に融資を得るリバースモーゲージ制度から、国が実施する生活支援（セーフティーネット）と民間プラン（資産活用）を掛けあわせた福祉制度を立案することで、そのコ民家群をアパートメントとして活用、風景を継承し、まちの福祉基盤の立て直しを図る優れた提案である。コ民家の中の土間・天井裏・軒下・縁側の４つの空間エレメントを共用空間／中間領域として再構成すると共に、部材を即物的にあらわにする設計とすることで、古民家の固有性を損なわず現代性を帯びさせている。

（夏目欣昇）

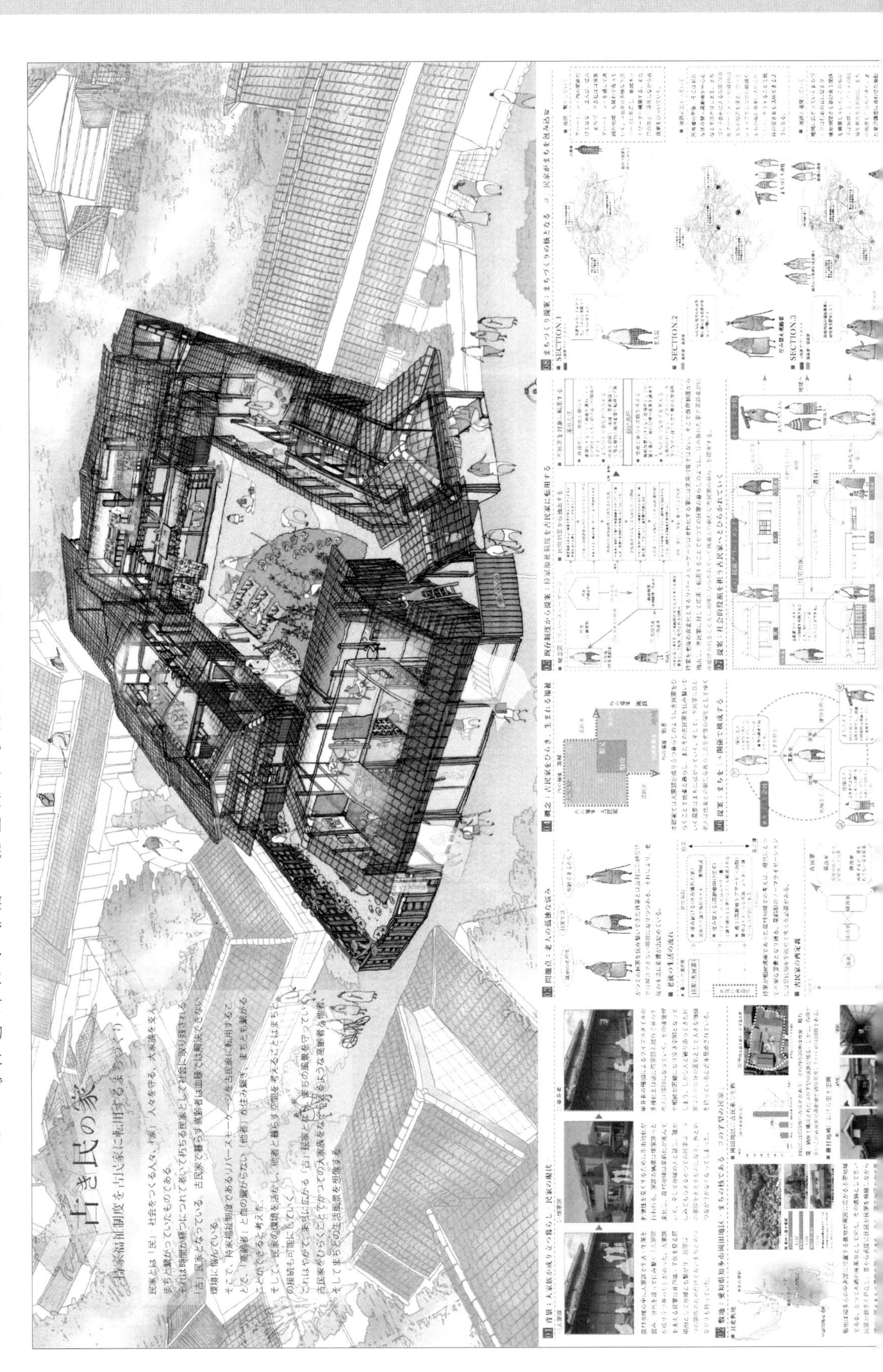

全国講評

高齢社会における居住福祉を再考し、血縁だけでは解決できないという状況分析のもと、地域社会および非血縁者を含めた居住福祉の提案である。他者と暮らし、社会的な役割を担う空間として古民家を再生することにより、まちの再生にも寄与させようというのが建築的な提案の骨子となっている。対象地域にはコの字型配置の古民家が多いとのことで、建築提案はそのプロトタイプの提案である。減築と機能挿入を各所に施しているが、さまざまなスケールにおいて、境界の居場所化が徹底され、建築的な空間が提案されている。軒下や縁側を居場所化したり、蔵を外部に開放したりということなのだが、「内外を視覚的につなげるだけが他者と暮らすことではない」という言葉に膝を打つ思いであった。結果的にコの字型配置のボリュームは、屋根は残されながらもポーラス化され、風通しのよい中に小さな居場所をたくさん含んだ建築になっている。まちの再生に対しては、改修された古民家の周囲とつながる／広がる／連帯するという三層にわたる提案になっており、機能的なものだけでなく、風景も語られている点を評価した。なお、まちづくり会社の提案があるが、地域社会には小さな経済を担う自治的組織が必要であることにあらためて気がつかされた。さまざまなレベルで一貫した提案がなされており、最優秀に相応しいものとして評価された。

（仲俊治）

へっこみ○○○のバスまち開き

ーバス停から始まるまち開きシステムー

熊谷拓也　中川晃都　岩崎琢朗
日本大学

CONCEPT

近年、バス車両への福祉対応は進んでいるが、バス停の福祉対象者に対する配慮は行き届いておらず、地方の車社会化によりバスを利用する機会が減っているのが現状である。バス停と店舗・公共施設などが一体化したへっこみ○○○を提案し、高齢者や車椅子利用者等も分け隔てなく利用できるバスまち開きが広がっていく。

支部講評

バス停と建築を一体化しまちに開くことで、誰もが利用しやすい都市にしていこうという提案である。建物を減築し、そのへこみにバス停を設け空間化することにより、「待つ」という行為が活動的な振る舞いへと変換されている点が大変興味深いと感じた。ビルディングタイプによってその場は異なる表情を見せるため、都市に賑わいが生まれることが想像できる。また、それは東北地方に見られる「こみせ」のようでもあり、雪深い地域ではその効果はさらに大きいものになるはずである。水平方向への展開は提示されているが、そこに高さ方向の検討（例えば一部吹き抜けがあり階段などで上階に上がれるなど）が加わると提案により広がりが出るのではないかと思う。

（齋藤和哉）

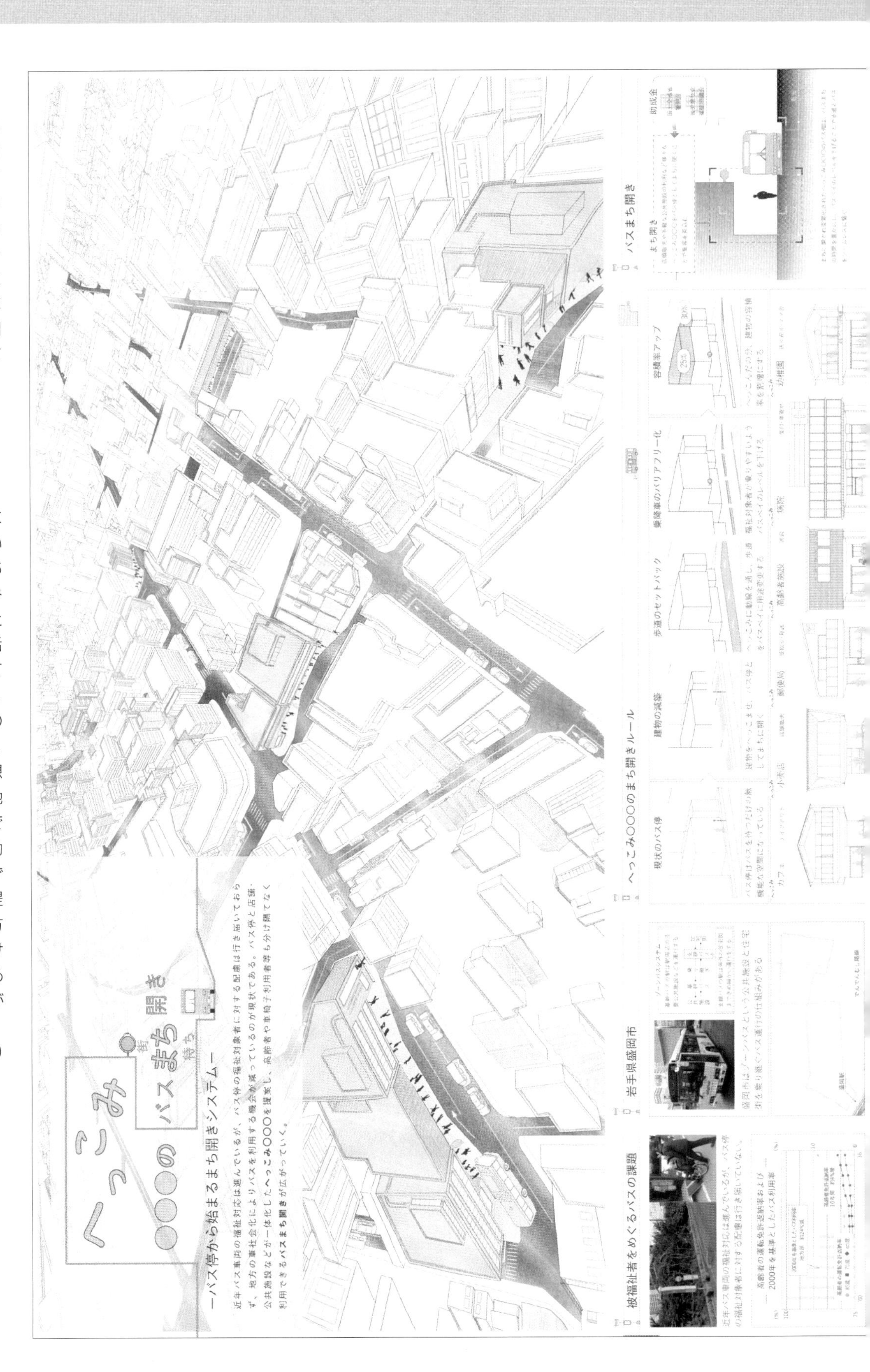

全国講評

この提案は、小さな試みの連鎖で社会の中に大きな変化を生み出す可能性に満ちている。交通システムであるバス網・バス停に注目した点も面白い。人が必然的に利用し、集まる結節点であるバス停に面した建物の1階部分をセットバックし、そこに広義の福祉機能を与える。本来、一番商業的な価値の高いグラウンドレベルを開放する代わりに、容積ボーナスというインセンティブを与えてそれを促進するというアイデアは、まちを開いて、社会全体で問題を解決する、ささやかで大きなアイデアだといえるだろう。1点、気になったのは、これは地方都市に適応するアイデアとして提案しているが、果たして容積ボーナスというインセンティブが働くのかどうかは疑問が残る。空き家、空き店舗も増えているような現状の中で、容積ボーナスに変わるインセンティブ、もしくはそれらを促進する制度が組めるのか、そこをさらにブラッシュアップすると、かなり実現性も高い提案に飛躍するのではないかと思われる。いずれにしても、これまで所有した私有財産としての土地や建物の一部を公的な場に開いていくような、明るい未来を予感させる提案であった。

（末光弘和）

優秀賞

庄方用水にかけるまちの小景

ー水路を利用した地域福祉の開きかたー

江畑隼也

坂東幸輔建築設計事務所

CONCEPT

富山県高岡市。福祉の活動に対して積極的な推進に取り組んできたこの町は、通所系や在宅系のサービスが充実しているが、さまざまな理由から閉鎖的な環境の中での活動を余儀なくされている。ブラックボックスの中で行われる福祉は虐待や抑圧、孤独死などの結果を招くこともあり、望ましい状態にない。閉鎖的な福祉をまちに向けて開示するため、歴史的風致地区に指定される寺町を対象敷地とした集約型の福祉拠点を提案する。

支部講評

敷地は国宝瑞龍寺を取り囲むようにはしる旧井波道と庄方用水に囲まれ、かつては寺の防衛線として機能していた寺町のエッジである。生活がにじみ出る用水側に、日常のアクティビティの延長の場として、用水を跨ぐように半屋外空間を設けることで、各々の生活のシーンの一部が用水に沿って連鎖するように展開され、地域の住民同士の新たな交流の場となっている。橋やデッキ、階段といった半屋外空間は、ガイドとなる木フレームに沿って設けることで、統制のとれた親水空間を形成し、さらに住民たちの生活のはみ出しが、直接声を交わさなくとも、見る見られるといった見守りのセーフティネットをつくり出し、街の新たな福祉として機能していく。

（横山天心）

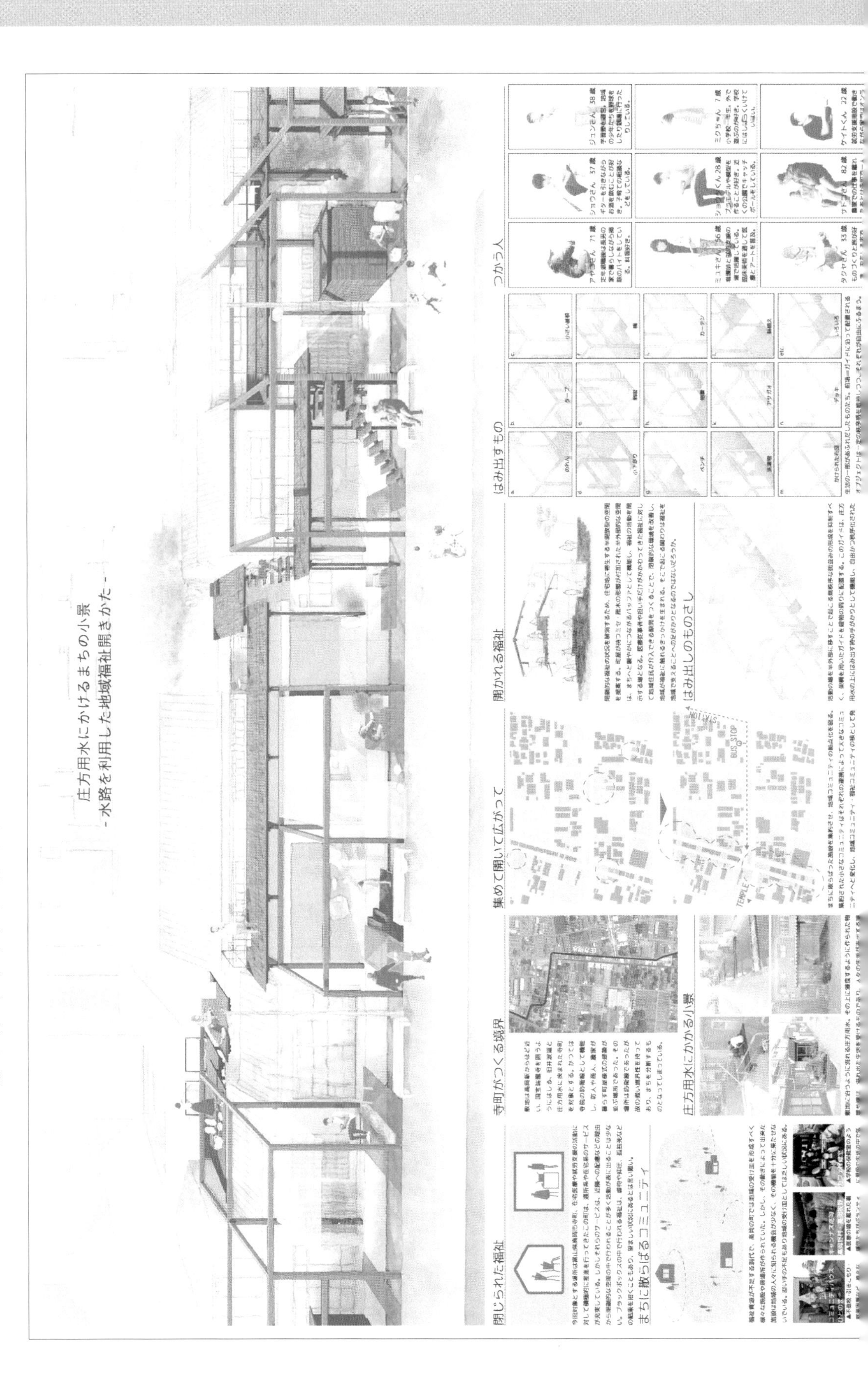

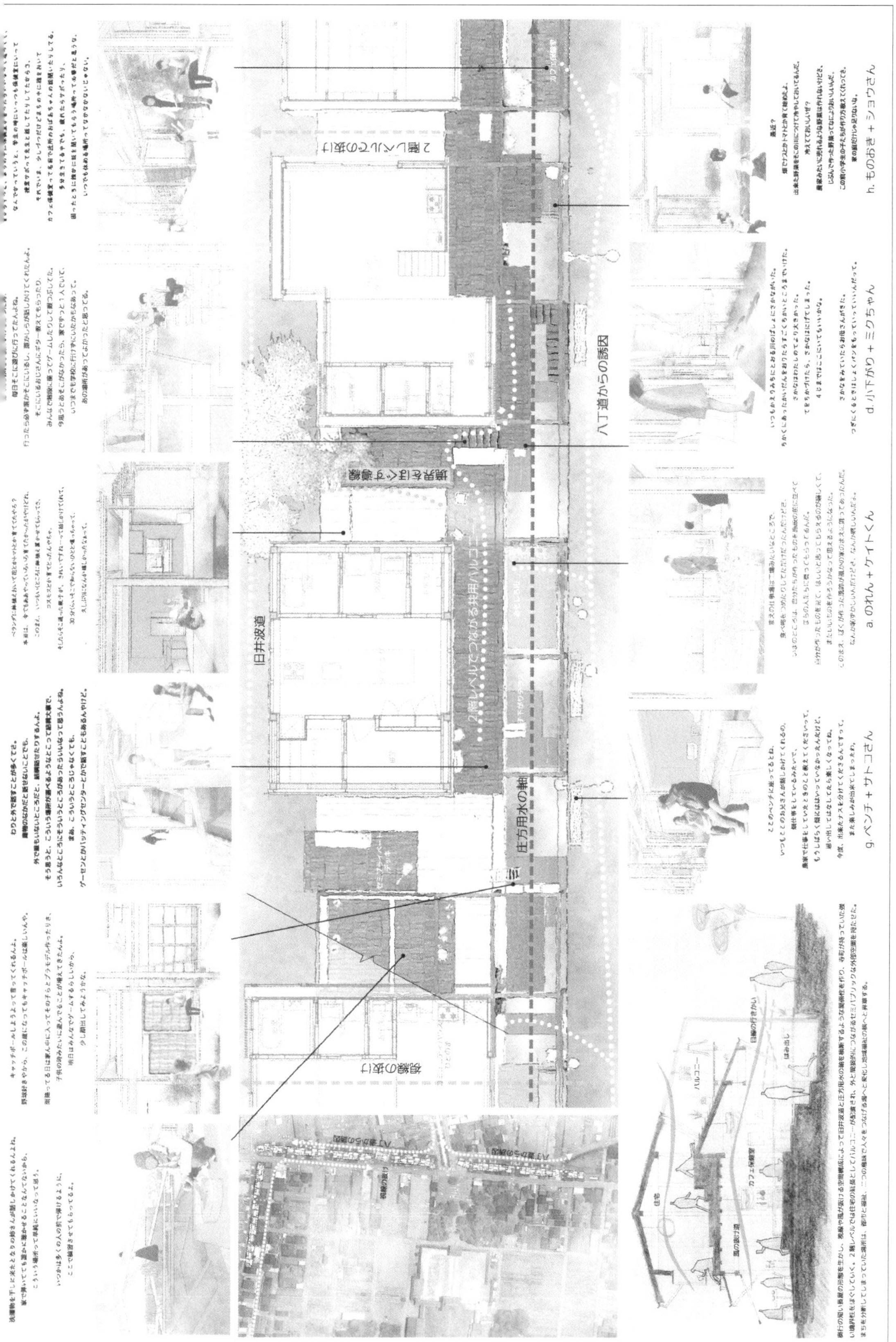

全国講評

まちの核を成した寺とその周囲に用水が巡る都市構造は、かつて防衛線としての役割を果たしたが、それゆえに現在のまちに分断を生み、空間に不調和をもたらしている。一方、ケアの視点に立つと、現代の加速する高齢化とサービスの担い手不足、福祉制度の対象とみなされず困難を抱える人の増加など、社会状況と制度との不調和が顕在化している。この作品は、こうした都市とケアの双方の構造が抱える現代社会との不調和に対し、空間の提案によって風穴を開けようという試みである。まちに点在していた福祉施設をすべて用水沿いに集約させるという点は、まちの人々の行動圏を考えると、いささか強引にも感じられる。しかしながら、ミセや雁木といった文化的な建築言語に学んで新たな秩序をつくる架構システムを計画し、それを既存長屋の連なりに展開することで、用水や光、風の変化や、まちと住まいとの多様な距離感を創出している。さらに、そこへ制度外にある多様な人を受け入れる居場所を展開することで、緩やかに活動を包摂する、物理的にも制度的にも風通しのよい風景を連続させている。こうした風景が街へと現れることで、都市構造と共に福祉の役割を転換し、一人一人の暮らしと福祉がひとつながりになる地平を構築している提案といえる。

（金野千恵）

40-120cmの世界から
～アグリテクチャー×身体障がい者の可能性～

上村理奈　Tsogtsaikhan Tengisbold
大本裕也
熊本大学

CONCEPT

人は人生の中で、労働に多くの時間を費やしており、"働くことの喜び"は人生の味わいを豊かにするだろう。
しかし、実際の町に目を向けてみると、「身体障がい者」の職業選択は限られたものになっている。
そこで本提案では、これまで職の選択肢としてなかった「農業」での就労に焦点を当て、地上0cmであった農地を40～120cmという身体障がい者の世界に変換し、現在増加するオフィスの空き空間に、立体的に展開させていく。
そうして生まれたアグリテクチャーを起点に、都市の中に豊かな生態系や生産、交流の波紋が広がる、新たな暮らしの創造を試みる。

支部講評

新型コロナウイルス感染症をきっかけとする「都市のオフィスの空洞化」、障がい者の「就労問題」、「農業」という一見すると結びつかないような多様な課題をこの提案の中で解き切っているところに社会問題への高い意識を感じた。空きテナントとなったビルの一部をスケルトンに解体し、太陽光や雨水を利用して都市農業を挿入することは環境負荷の低減にもつながる。障がい者の作業動作寸法を人間工学的に割り出し、その高さに吊られた「農地」は工場のような生産性の場であると同時に都市に取り戻した「自然の断片」のようにも見える。「執務空間」と「農地」、「人工物」と「自然」、「健常者」と「障がい者」がボーダーレスに混ざり合っている点が非常に魅力的である。

（矢作昌生）

全国講評

本提案は、これから空洞化が起きてくると思われる都心部のオフィスの空きスペース利用とその場所を使った農業、それも身体障がい者向けの農業の場所として捉えた、斬新なアイデアである。テレワークが増えてきて、都心に高密に立つガラス張りのオフィスビルに毎日満員電車を使って通勤すること自体の意味が見直されている中、肥大し続けてきた都心部の膨大なオフィスが空いてくるのは必須である。一方で、障がい者にとってみると、通常の農業は重労働でなかなか従事することが困難であるため、バリアフリーにつくられているオフィスビルは、活動に適しており、ガラス張りの利点を使って、そこを障がい者による農業空間にリノベーションさせてしまうという、一見、突飛なアイデアにも聞こえるが、ある種の合理性から紡がれたアイデアであることがわかる。今後のオフィスビル街のイメージを想像した時、ガラガラのゴーストタウンのようになるのではなく、オフィスワーカーと身体障がい者など多様な人が混ざり合い、かつ自然と人工が混じり合うような風景は、魅力的な福祉の未来への想像力を感じさせるものであった。農業を行ううえでの光の入れ方、風の通し方、水の循環なども含めてもっと詳細に詰めていけば、逆にオフィス空間にとっても魅力が増していくようなつくり方ができるかもしれない。オフィスの廃熱を利用して農業に利用するなど、さらなる発展的な可能性をぜひ考えてもらいたい。

（末光弘和）

移動販売舎の軌跡

福島早瑛　Zaki Aqila
菅野祥
熊本大学

CONCEPT

対象とする福祉は「買い物弱者」である。買い物や移動に対して難を抱える山間部の高齢者。最近では移動スーパーが見られるが、一般化が進んでいない。
私たちは、この移動スーパーを一般化するための拠点となる建築、買い物だけに留まらない憩いの空間を付与する車を提案する。
さらに、廃線沿いに並ぶ「拠点」はかつての風景を引き継いでいく。
建築や都市に人が集まるのではなく、建築が人のもとへ移動する「移動販売舎」の提案である。

支部講評

豪雨災害を契機として鉄道が廃線化された地域における福祉の問題を課題とする提案である。廃線により移動手段を失った人々の福祉サービスを行うために、〈モバイル建築〉が計画された。その内容は、単に〈モバイル建築〉を地域に点在させるシステムをつくることではなく、機能分化された異種の〈モバイル建築〉の拠点となる「移動販売舎」という母体に個別の販売車を統合するといった重層的システムが提案されている。そのことにより、距離、内容共に広範で総合的な福祉サービスを展開することができ、その多様性による細かな配慮と可能性を有する可動的複合施設として、福祉施設の新たな提案がなされている点が評価された。

（西村謙司）

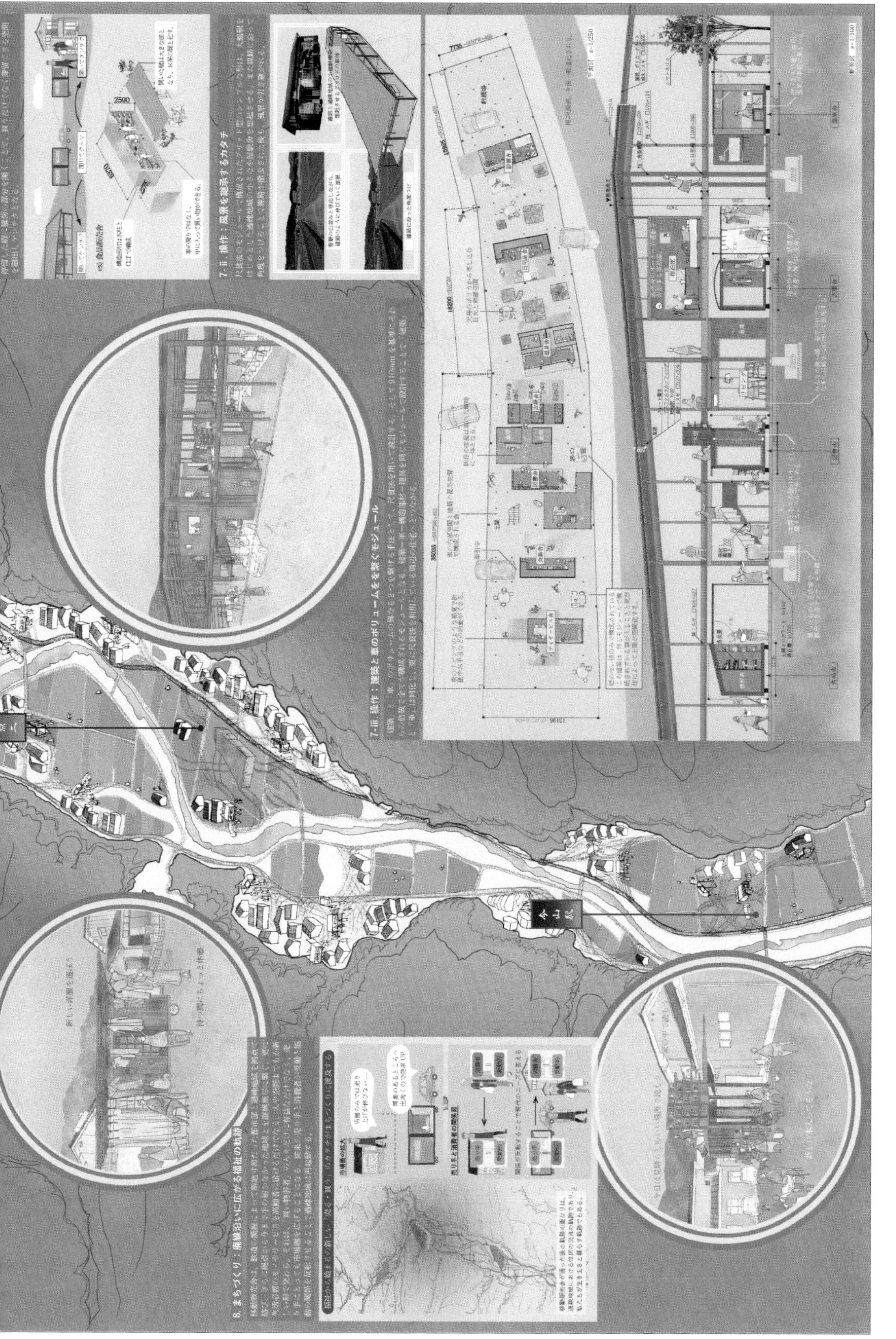

全国講評

福祉とはサービスを提供するシステムである。世間一般ではそのように捉えられている。そこに空間概念はない。この提案のユニークなところは、サービスを提供するもの=つなぐもののデザインと共に、つなげられるもののデザインをセットで行ったことである。モビリティのデザインと共に、モビリティが滞留する拠点の建築を一体的にデザインしている。ここに建築デザインから福祉を考えることの可能性がある。それは、まちづくりや風景への関与である。サービスの提供は、自動車に牽引される木造の「箱」が担う。「開いてケンチク」「閉じてクルマ」というフレーズが表すように、箱の壁を跳ね上げることで庇に変身し、周囲に居場所をつくれるようになっている。地域間の道路状況によってはこの箱のサイズはやや過大にも思えたが、それはさておき、モビリティ単体でも、行く先々で祝祭的な雰囲気を醸し出している点がとてもよい。サービスの提供にとどまらず、人の輪がひろがるような状況をつくり出している。それぞれの箱には単一の機能しかないが、食品販売や診察など、提供するサービスにはバリエーションがあり、6種類が提案されている。モビリティは、物資の補充やドライバーの休憩を兼ねて、拠点に戻りサービス提供も行うが、そこで立ち現れる風景はその都度変わることになる。このような変化もまた、地域住民の関心を保つことになりそうだ。そのため、拠点の建築は、透過度が高いものになっていて、適切だ。屋根の下に部屋が配置されている形状で、相互に間隔が空けられ、モビリティが入り込めるようになっている。

（仲俊治）

IBASHO STATION

車上生活ケアから始まるインクルーシブな道の駅

坪内健　中島佑太
岩佐樹
北海道大学

CONCEPT

居場所の喪失を契機に困窮し、孤立する車上生活者が増えている。彼らは24時間無料のトイレと駐車場が設置された道の駅を転々とする生活を送り、必要なケアが行き届いていない。
この提案は、道の駅に社会包摂の機能を新たに設けたうえで適切なケアとデザインを施し、車上生活者を施設の「主」として積極的に受け入れることで、道の駅がさまざまな人々に開かれたインクルーシブな「まちのハブ」として機能するよう仕立てていくものである。

支部講評

周知のように「道の駅」は、道路利用者へのサービス提供を目的として24時間さまざまな人々を受け入れる身近な福祉施設であり、国土交通省登録の公共施設でもある。この提案は、近年問題となっている車中泊者、とりわけ生活困窮車上生活者を対象とし、「道の駅」が内包する公益性の拡張を構想、駐車場と施設のモザイク配置と分棟化により利便性と居心地のよさを目指す。大屋根と小庇の建築構成は、人と車のスケールを獲得しようとしている。車社会で現代人が獲得した自由と孤立を意識化し、まちづくりの核として福祉を再定義しようとした点を評価した。福祉に大切な当事者性、それが日常対話から生まれる姿を「居場所を見つける人々のストーリー」で描写している。

（山之内裕一）

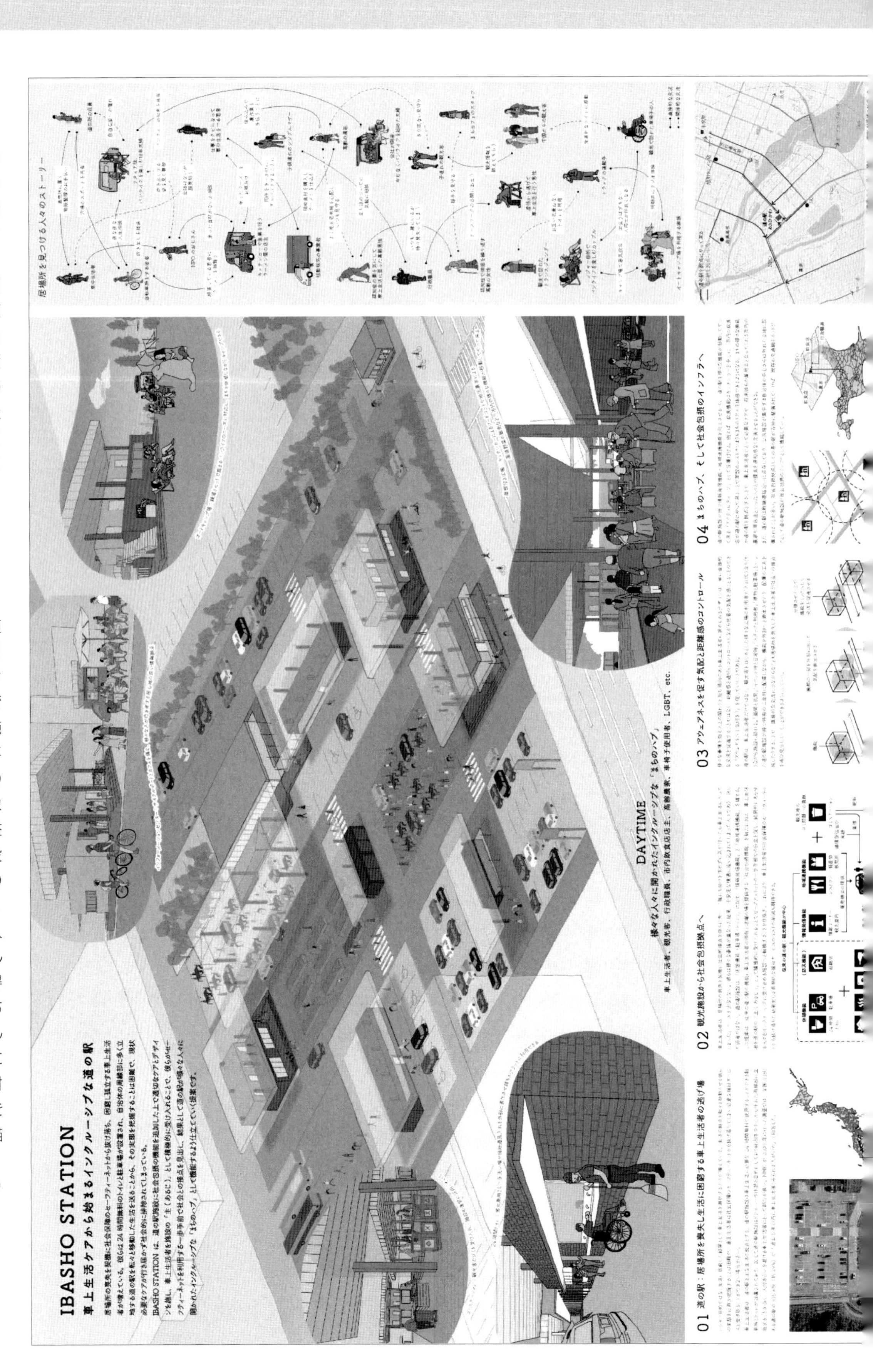

全国講評

一般的に、日本における車上生活者とは生活困窮や失職などネガティブな事情を抱え、やむを得ず長期にわたって、車での寝泊まりを余儀なくされている人たちとされる。昨今、道の駅という非常に便利ながら無償で利用できる施設が全国各地に数多く整備され、携帯電話やコインランドリーなど生活ツールの普及もあり、その増加は見過ごせない。彼らは社会保障のセーフティネットから抜け落ちてしまい、必要な福祉サービスを享受できないことが懸念されている。本提案では、道の駅が果たす休憩・情報発信・地域連携機能に、車上生活者のための無料宿泊所・銭湯や雇用機会の提供を加えることで、観光客やバンライファーあるいは市民との接点をつくり出し、彼らへ必要なケアや、彼らが再び社会と関われるきっかけづくりを実現している。配置計画では、現状は明確に分離配置されている駐車スペースと建物を、モザイク状に分棟配置しなおすことで敷地全体を使い倒し、裏をなくすことを実現している。また、大屋根の広場や庇による小さな場などは、用途に限定されないさまざまな属性の利用者の活動ガイドとなることができる。惜しむらくは、冬の厳しい気候に対するデザイン上の工夫が見られるとよりリアリティが増したと思われるが、コロナ禍を通して徐々に顕在化しつつある課題に対して真摯に向き合い、検討の可能性を示唆したことで、改めて福祉の幅の広さに気づきを与えてくれる機会となった。

(松田貢治)

未然福祉
―日常から福祉に介入するまちづくり―

守屋華那歩　山口こころ
五十嵐翔
愛知工業大学

CONCEPT

現代の福祉は、繊細で手厚いサービスを提供しているが、明確化した線引きにより、多様な属性の人々の社会観が離れていくように感じる。
本提案では、再び福祉の領域を地域社会に戻し、全ての人が地域に必要な一人として支え合い生きるまちづくりを試みる。
やりたいことを福祉領域に留めている彼ら（障がい者・高齢者）が、埋れつつある地域資源の価値、必要性を創出する役割を担い、彼らがいて、まちが循環する。

支部講評

本提案は、宮城県仙台市宮城野区幸町地区を対象として、周辺部を含む既存団地を軸に機能追加をすることで、団地周辺に多様な属性がとどまり循環する場づくりを展開する試みである。日常的な機能や空間の介入や住空間変化の対応、事業スキームの展開において地域社会に根ざしながら全ての人が地域の役割を持ち支え合うまちづくりを行おうという提案であり、今回の課題を的確に捉えたものであると評価した。近隣の大型商業施設との関係性、団地内の上層階を含めた既存団地の住生活を捉えた機能や空間の展開がみられると、団地と周辺地域のつながりの強さも表現されるのではないかと感じさせたが、現在の地域社会への問いかけとしても提案性の高い作品であった。

（畠山雄豪）

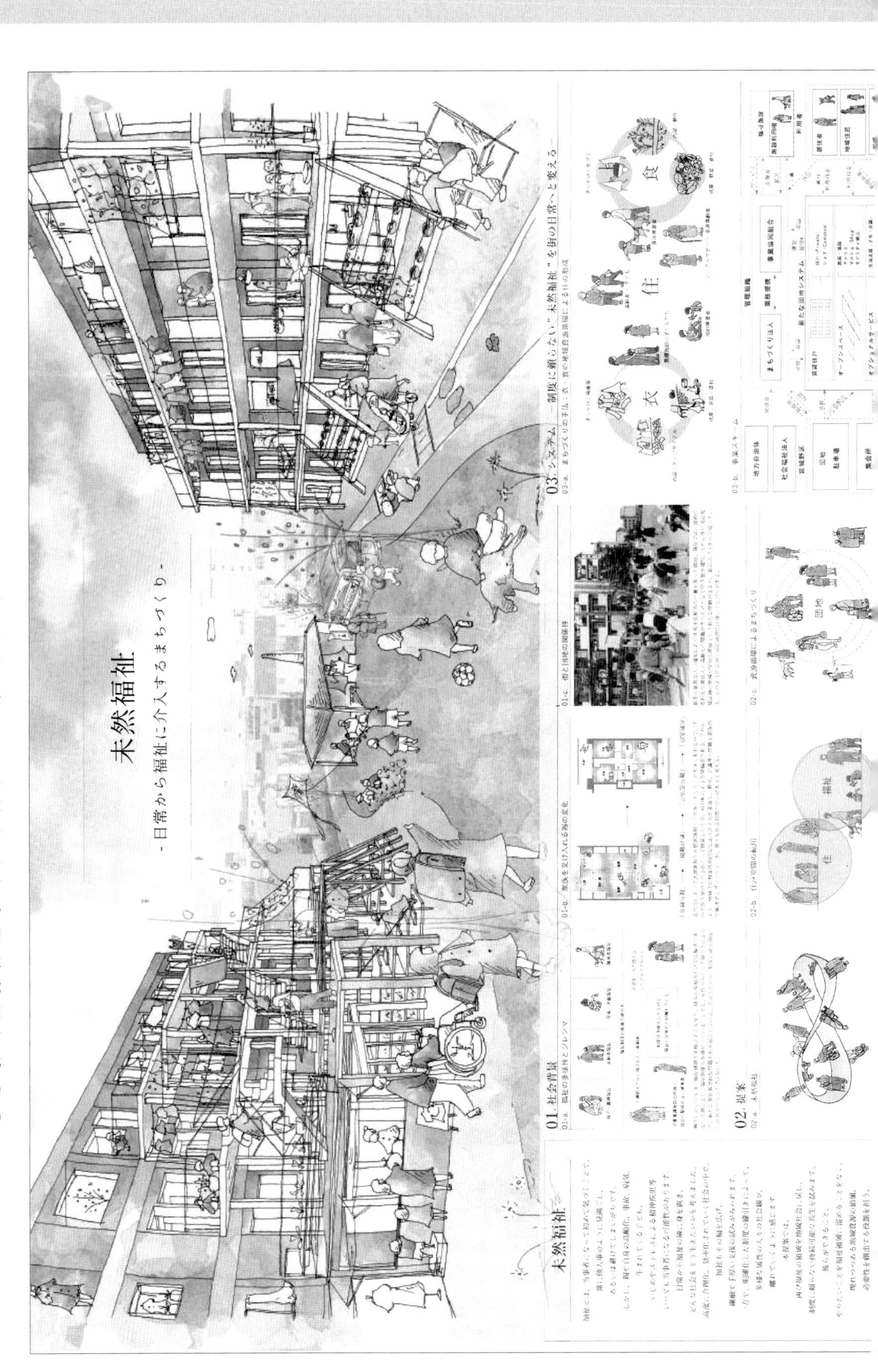

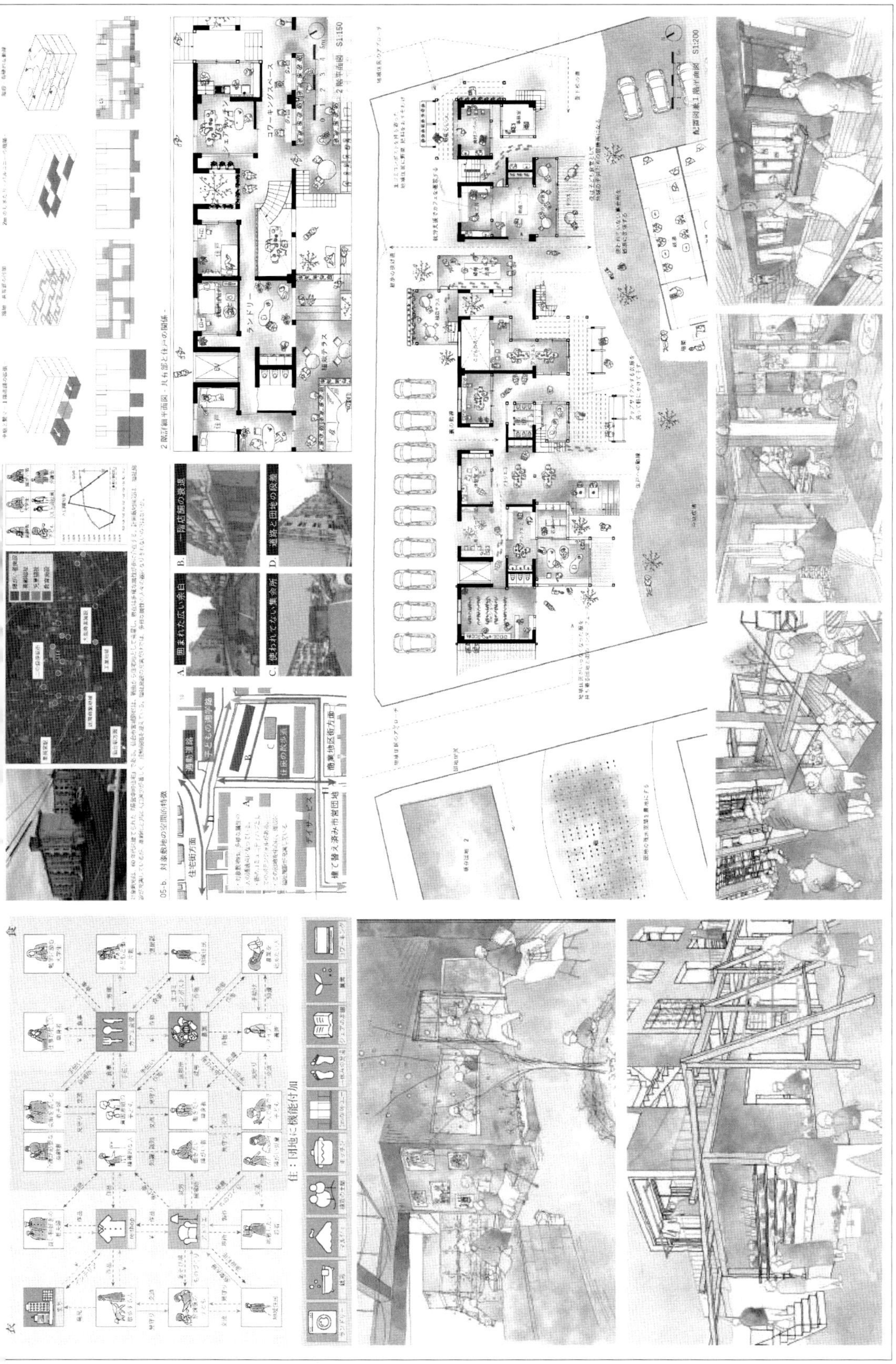

全国講評

長寿命になれば、誰しもがなんらかの障がいと共に生活する、そんな世の中になるのではないだろうか。そのような社会では、家族にも、公的な制度にも、頼りきれないことは目に見えている。そのため、「制度に頼る福祉を地域社会に戻す」とは、とても可能性のある視点だと思う。では、その時に何が必要になるだろうか。ここでは日常生活の中で「衣」と「食」に着目し、ごく自然に行われそうな地域内循環とその拠点づくりが提案となっている。つまり、小さな流れを持続的な循環につないでいこうとしていて、その結び目に建築空間を介在させようとしている。テーマは流れの中の建築空間と解することができる。プロジェクトサイトの選び方は、団地の中のヘソのような場所を選んでいて、街への波及効果が期待できそうでいい。ここまでは流れの中に交流の場所をつくる素地ごしらえといえるが、肝心の建築のスケールになって、上下のつながりの希薄さ（あるいは描ききれていない印象）が、踏み込み不足に映ってしまった。形態操作のアイデアが具体的にどのように展開されるのか、非常に興味が沸いた。「未然福祉」というコンセプトによって、従来のプライバシー概念の塊のような団地を、足元からどのように蚕食していくのか、非常にワクワクしただけに、もったいなく映った。断面図において、デザイン全体のビジョンを示されればなおよかったと思う。

（仲俊治）

泥みとうつろい
―ため池を介した共同体によるつくりながら住むまち―

山本晃城　小林美穂　信木嶺吾
福本純也　亀山拓海　河野仁哉
大阪工業大学

CONCEPT

かつて、ため池周辺に存在していた師弟関係的な日常をまちづくりの核として再生する。生業や趣味において個人同士が師匠と弟子の関係を構築することで教える行為とそれに付属するサポートを行う。師弟的立場が日常的に入れ替わることで互助が可能な共同体が形成され、施設での福祉からまちぐるみでの福祉へシフトする。
小さな商いが折り重なり、大阪府堺市美原区のこれからの姿としてため池を中心とした「つくりながら住むまち」を目指す。

支部講評

管理が行き届かない農業用ため池の改善と、コミュニティ内で随時に立場が入れ替わる師弟的関係の構築が福祉を支えていくモデルとなり得ることを示し、ため池とその周辺との境界にまたがる建築ならびに、小さな商いが折り重なるため池を中心とした「つくりながら住むまち」を提案している。農業のサイクル、産業、季節、多様な世代の人々、文化の伝承といったさまざまな面に目をむけながら、人々の暮らしそのものが福祉と一体的でなければならないということを示唆しており、空間を構成する部材や技術も地域で産するものを使うこととしている。各要素について、具体のイメージが湧く解決提案の全体像を美しくまとめ上げたこと、それらが地域の持続可能性のモデルにもなっている点は大いに評価できる。

（吉岡聡司）

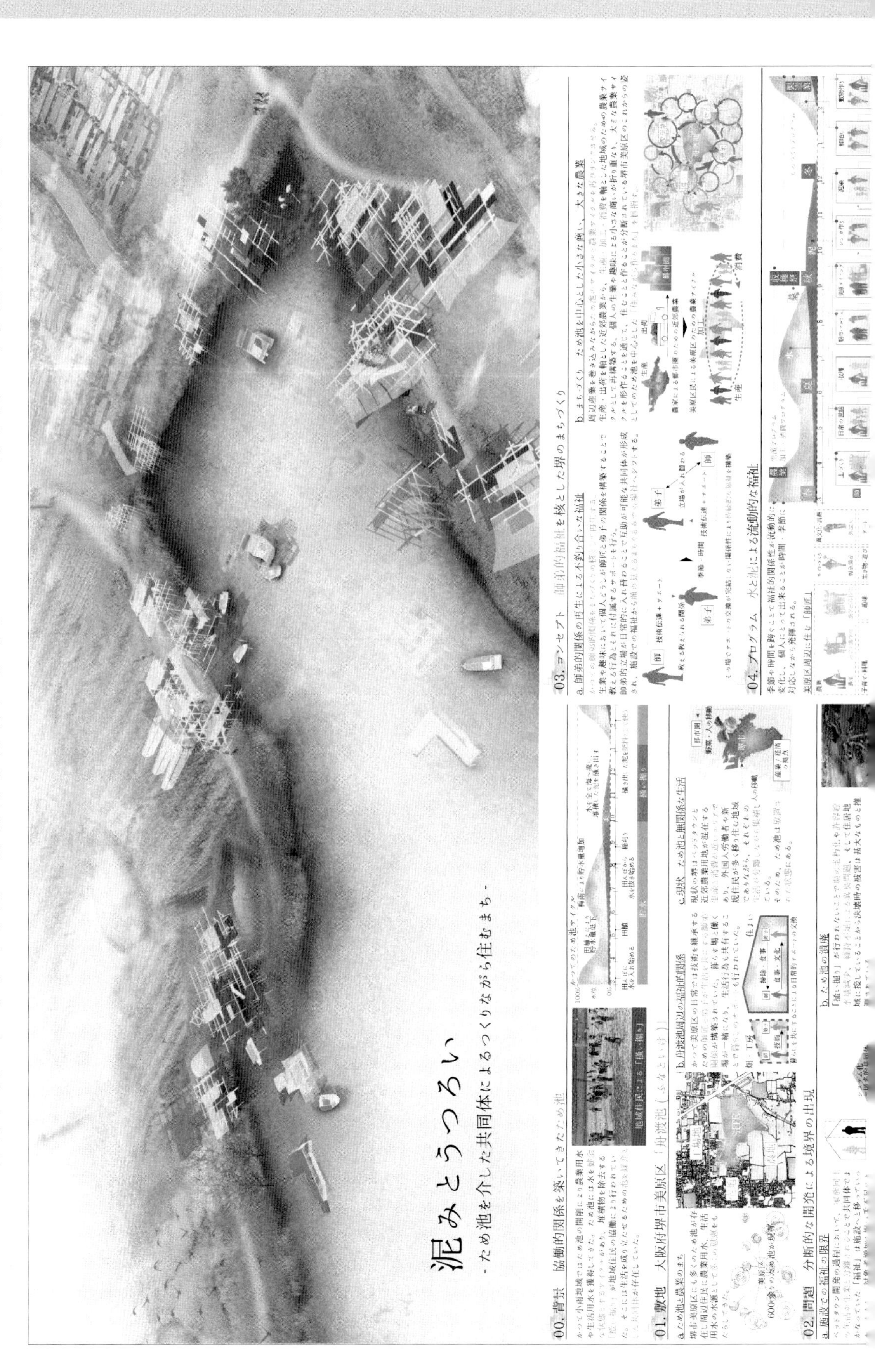

全国講評

福祉という言葉の英訳にはケアという語が使われるが、この語源はラテン語のcurare（クラーレ）といわれており、「心配する、世話をする、介護する」のほかに、「耕す」といった意味も含まれている。この計画は、地域の人々が協働して自然環境を世話し、耕すことが、この地域における本当の意味での福祉=ケアの風景をつくる、という言葉の本質を問う提案である。ケアの相互関係を、“人と人”という従来の社会福祉の制度の中で捉えるのではなく、“人と環境”という関係に見いだすことで、季節によって異なる仕事や、祭りなどの文化的な行事、採取できる資源を用いた活動を想定し、一年で変化するケアと風景が共に組み立てられている。それゆえに、描かれている空間は、床、壁、天井といった抽象的な組み立てにとどまらず、藁、籾殻、泥、水、といったこの場所に一年を通して発生する資材、自然物を含めたエレメントの集積によって構築され、美しい風景を成している。また、この活動の主体は制度上の利用者のみならず、外国人労働者や農家、アクティブシニアといった、地域の都市計画上の用途区分と中央に位置するため池により生活圏が分断され、これまで交わり得なかった人々である。空間や制度の隔たりを越え、この地の文化的な営みを取り戻すプロセスを通して健やかな風景を構築する。ケアの枠組みではこれが実現可能なのだ、という美しく力強いメッセージとして、この作品を高く評価したい。

（金野千恵）

佳作
タジマ奨励賞

職と住のグラデーション

若槻瑠実
中野瑞希
広島大学

CONCEPT

舞台は、かつて播州織という産業が栄えた木造アーケード建築。支援を必要とする人も介護する人もその他の人も、ここで働き、住む。それらを繋ぐアーケードにはまちの日常が溢れ出す。アーケードと布の織りなす連続した空間によって「気づき」が自然とうまれる姿は、福祉のうつわとなる。産業と共にある職住近接の暮らしを再生することは、福祉をそしてまちを豊かにすることにつながっていく。

支部講評

閉鎖的な住宅の中で完結する暮らしが近隣に対する「気づき」の機会を減らし、福祉の土台を危うくしている。そのような問題意識から、仕事上のつながりが緊密な近隣関係を織り上げる、職住一致の住まいの集合体を提案している。敷地は、特徴的な木造アーケードと長屋群が密集して残る、兵庫県西脇市の「旭マーケット」である。長屋の壁を各所で開きながら、同地で生産されていた播州織にちなむ巨大な布を用いて柔らかく境界を調整することで、街区全体が住商のからみあう有機体となっている様が魅力的であり、実現してほしいと思わせる提案である。地域の歴史的資源である街の特性をよく理解し、空間的な魅力に結びつけた提案であることを高く評価した。

（柳沢究）

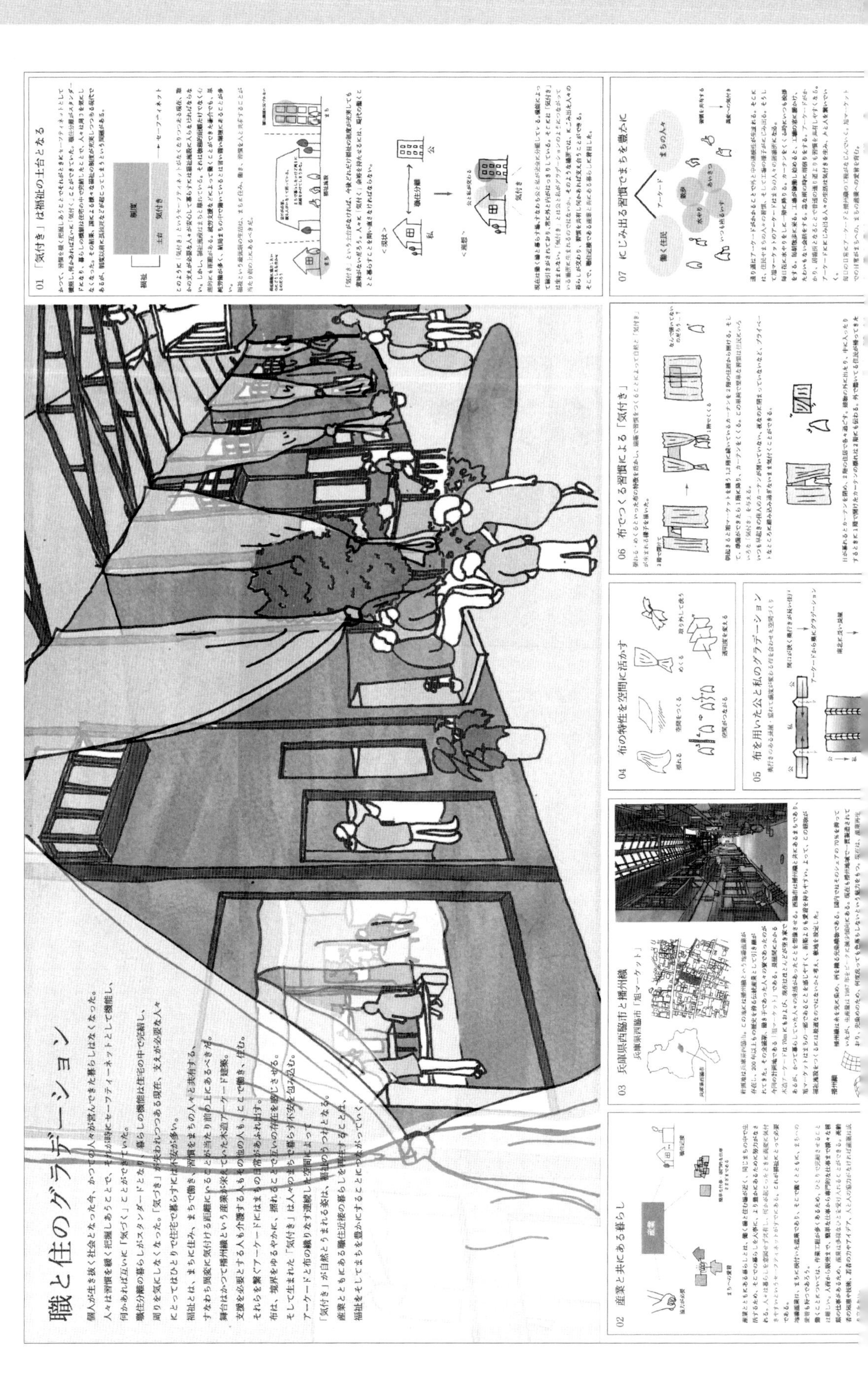

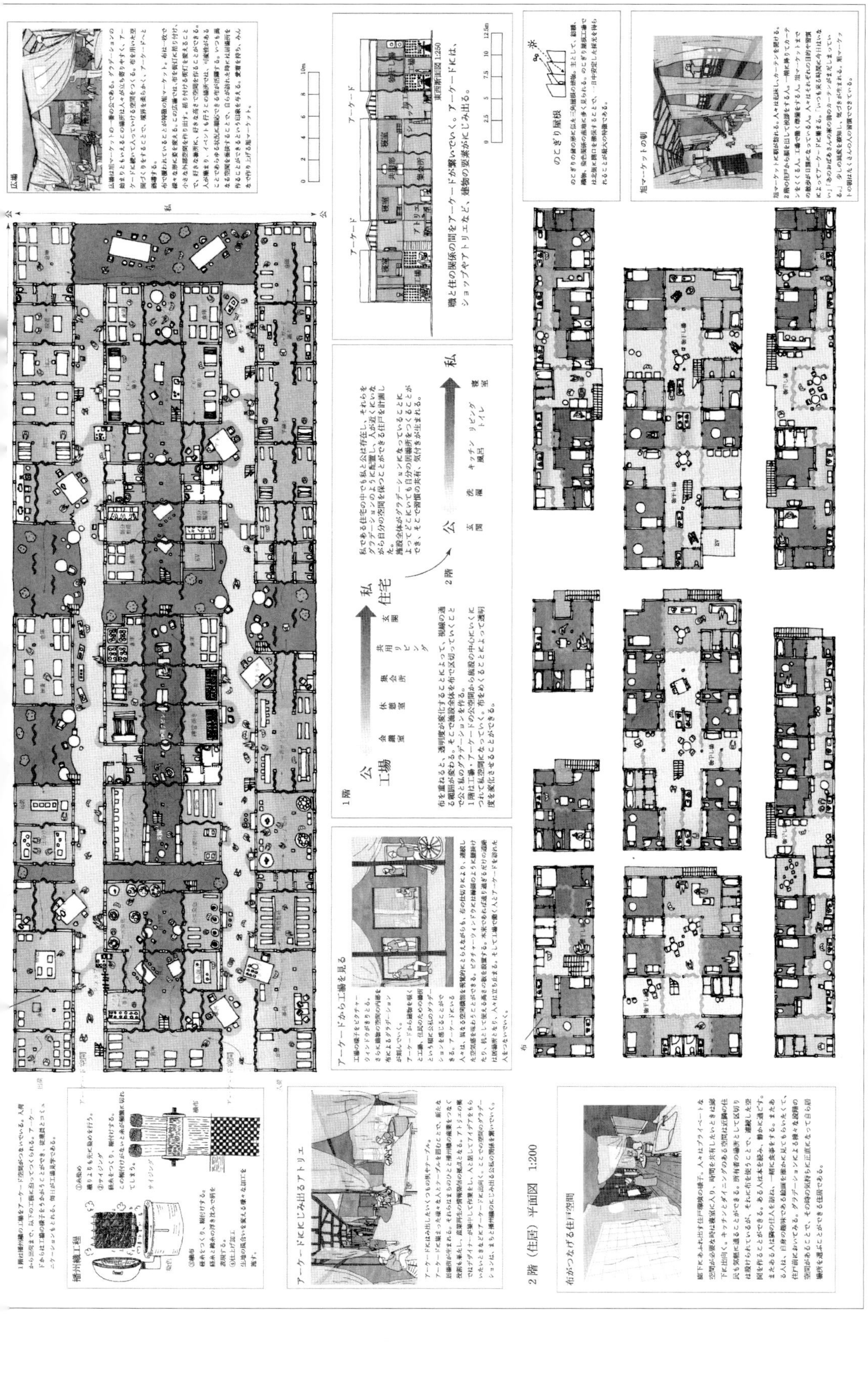

全国講評

世の中には多くの形態の福祉サービスがあるが、福祉施設には街と隔絶している実態がみられる。例えば障がい者の自立支援施設では、利用者の日常が職場と自宅の往復で終わることも多く、施設の閉鎖性や社会との関わりの希薄さが根強く残ることが課題となっている。舞台は兵庫県西脇市の木造アーケード建築の旭マーケット。大正末期から昭和初期にかけて播州織の工場で働く女性の共同宿舎として使われたもので、現在はほとんど空き家のようであるが、本提案では近年の地場産業再生の動きを背景に、この長屋群をリノベーションして、働く場と住まいの関わり方を追求している。1階を職場、2階を住まいとした施設全体を特徴づけるのが、地場産材の播州織をさまざまな形で使い分けながら、互いの状況を暗示する「気づき」を与えている点であろう。それぞれの日常が変幻自在な布により見える化され、よい意味での「お節介」を生み出す装置となっている。一方で、彼らの住まいは緩やかにつながりながらも、布によって区切ることもでき、ひとりの時間の過ごし方にこだわりをもつ人、にぎやかに談話したい人、障がい者にも老人にも適応する居場所が生み出されることで、地場産業への愛着を育みながら暮らせる提案が評価された。建築の立体的なつながりや、アーケード空間と都市との関係にもう少し工夫があるとより魅力的な施設になると思われるが、街おこしの核として福祉が果たす力を考えさせられる作品である。

（松田貢治）

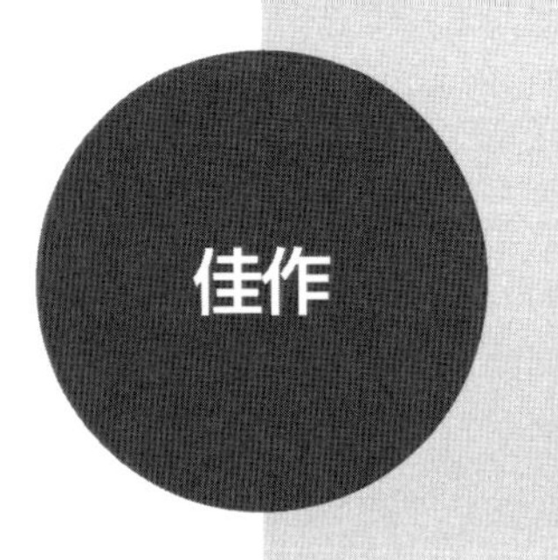

FOOD JUNKtion
ーまちのフードギャップを解決する「食の福祉施設」ー

鈴木滉一
生田海斗 *
神戸大学　京都工芸繊維大学 *

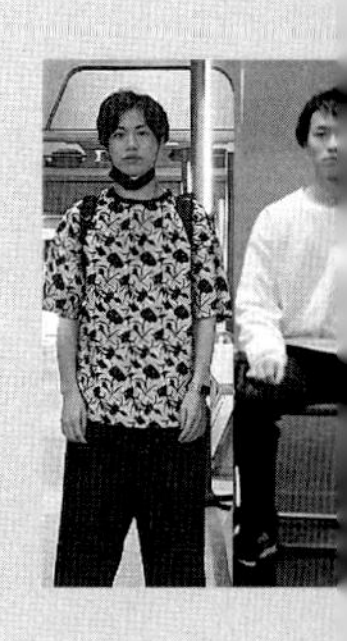

CONCEPT

日常的に余りながらも不足するフードロス問題。この食料分配のギャップを解消する「フードバンク」を福祉施設に複合させ、場所の産業や特産品を「食」というフィルターを通して見ることで発見した地域性に基づいた、3つの福祉拠点を提案する。二段階の循環によって、自律的に地域のフードロスを取り込み解消し、福祉施設としても新しさを生み出す。

支部講評

フードロス問題を、地域内3地形に根ざす課題として具体的に分析し、それぞれを3種の福祉特性と組み合わせ、街全体の問題解決のための核づくりを行った意欲作である。複数のフードロスの現状と福祉現場の課題を深く理解し、綿密に組み合わせた思考とそれらを表現するための作業は密度が濃く、作品全体から醸し出されている。また、建築的な解決にフードロス建材を使用したり、自然との親和性、地域の人々を絡めた仕組みづくりなど、食品の循環と防災も含め、建築とヒト・モノ・コトを融合させようとする試みは高く評価できる。今後は、平・断面等の2次元表現や断片的な空間イメージにとどまらず、建築全体の形態デザインへの昇華を期待する力作である。

（岡松道雄）

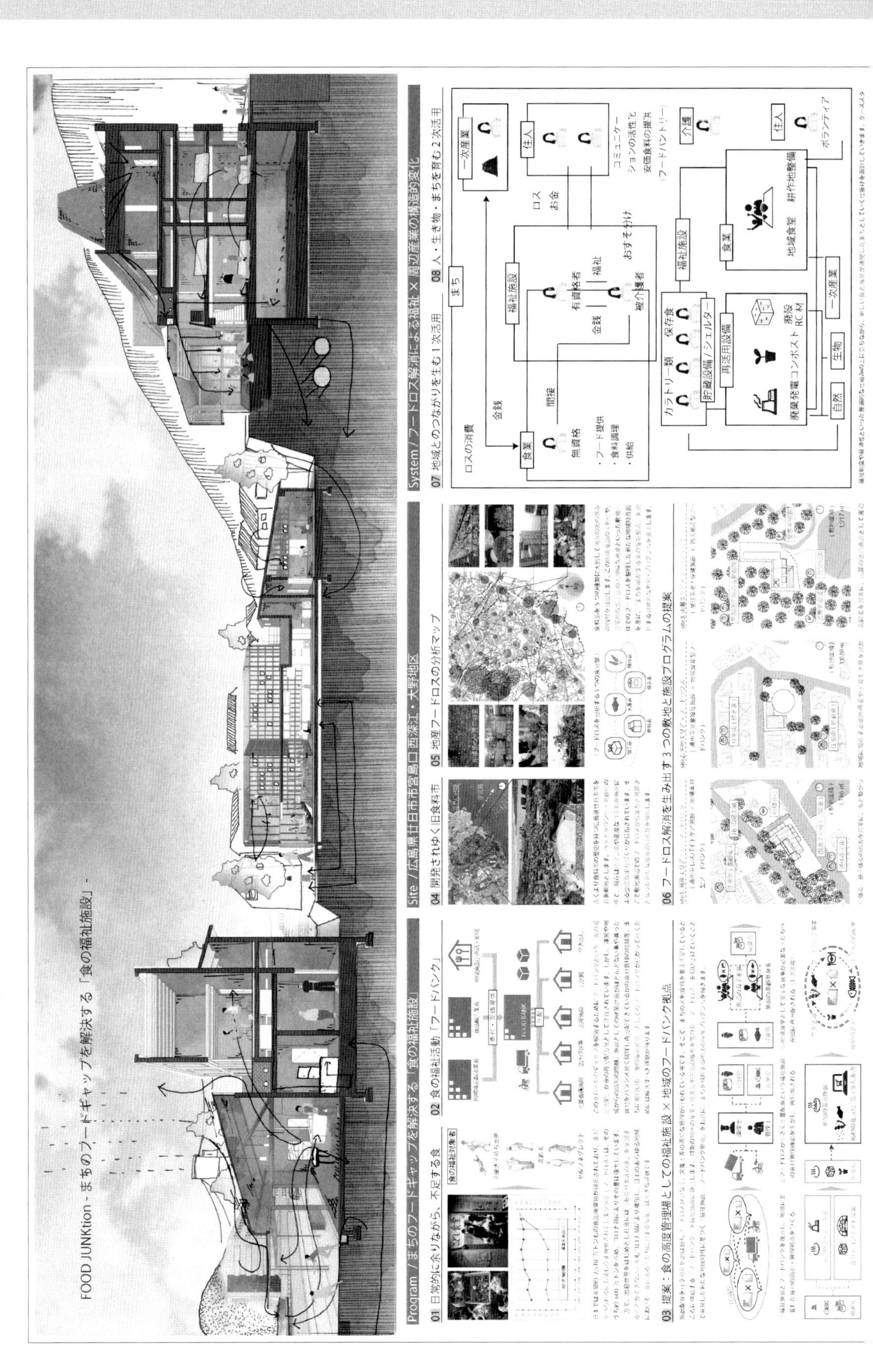

全国講評

近年、日本では国民の経済格差が広がっており、困窮世帯を支援するこども食堂などの社会サービスが広がりつつある。一般的にこれらのサービスは食料を寄附等で賄っている場合が多い。このような食料不足の一方で、日本では大量のフードロスが社会問題になっている。本作品は、この2つの社会問題の狭間におこるフードギャップを、需給として捉え直すことで、双方の課題を一挙に緩和させることを提案している。
対象地は一次産業が盛んな広島県廿日市市とし、食料供給地に付随するフードロスの活用をねらいとしている。施設は沿岸部において牡蠣のフードロス解消を図る通所高齢者施設型フードバンク、山間部で産品のフードロス解消を図る防災拠点型フードバンク、住宅地で周辺の学校や高齢者施設のフードロス解消を図る地域食育型フードバンクの3施設が別々に計画されている。それぞれの施設は立地や周辺環境、扱うフードロスの種類や人・食品の流れを緻密に検討して計画されている点が高い評価を得た。それぞれの食品処理プロセスを建築デザインとして昇華させている点は面白い。各施設では風の取り込みや採光にも配慮したパッシブデザインも取り入れており、地域で食料資源を循環させる地産地消のコンセプトと整合している。3施設の役割と連携、フードロスや提供される食事の食数等の需給バランスが定量的に示されていると、本作品の地域に対する社会的インパクトの大きさをより具体的に確認でき、現実味の高い提案につながる。

（林立也）

徘徊病棟

宮地栄吾　田村真那斗
片山萌衣　藤巻太一
広島工業大学

CONCEPT

ここは集落全体がひとつの施設であり、民家が個室、道が廊下である。小さな集落に点在するさまざまな場所に寄り、自分の役割や生きがいを見つける。そのなかで多くの人が交流し、集落の人たちは互いに見守り合う。さらに、社会資源を開発することで、自発的な支え合いを誘発するシステムの確立が可能となり、高齢者や知的・精神障がい者がいきいきと活動できる場所となる。この日常は健常者の日常以上のものとなるのではないか。

支部講評

瀬戸内海の小さな島に主として高齢者のための施設を計画した提案である。複数の空き家をリノベーションすることで、集落の中にさまざまな施設として分散させ、各々が既存の道でつながれていく。高齢者にとってその場所は利用するためだけのものにとどまらず交流の場でもあり、時には自らが運営にも参加できる。道はコミュニケーションを生み、身体的リハビリにもつながる。これまでの「集約することによる利便性、効率性」よりも「分散することで生まれる新たな価値、関係性」に気づかせてくれたリアリティーを感じさせる提案である。今回のような小さな集落にとどまらず各地の標準的な街にも生かしていける計画に思えた。

（原浩二）

全国講評

超高齢化人口減少社会である日本において、過疎地域が抱える問題は多い。本作品は、瀬戸内海の広島県福山市内海町という島にある小さな集落を、集落ごと認知症患者の回復期病棟として位置づけ、空き家の活用、高齢者の役割付与による健康寿命延伸、認知症患者の回復促進を同時に図るという提案である。一般的には、認知症患者の徘徊は歓迎されておらず、住宅や施設に閉じ込める傾向が強い。そのため、外部との接触機会が抑制され、病状は回復するよりも悪化する。本作品は、集落に点在する空き家を娯楽や商業施設に改修し、高齢化した住民に各施設の運営を委ね、観光客と認知症患者を呼び込み、町ぐるみで来訪者の街歩きを互助の精神をもって見守るという仕組みである。配置された施設は、食堂、談話室、精神解放室、精神安定室、リハビリ室、昇華室などとなっており、病院を彷彿させる名称となっているが、中身は足湯や温泉、などである。病院の機能を街に解放し、新たな回復期療養の形を他の課題の解決と併せて提案した点は高く評価できる。一方で、作品タイトルや諸室が病院色を敢えて踏襲している点については、審査員の意見が二分した。また、構成された各施設の建築的工夫に説明が及ばなかった点は、建築設計競技としては共通に惜しまれた。町全体を一つの病棟として機能分散し、従来は「是」とされない徘徊を、互助の精神で積極的に見守るという視点は全国への応用展開の可能性を感じる。

（林立也）

「学」を核とした地域コミュニティの再生

―学びによる人間形成の再考―

永嶋太一　水谷美祐
此島滉
愛知工業大学

CONCEPT

人口増加と経済成長を下支えに発展した時代につくられた福祉制度は、時代の流れに合わず崩壊しつつある。"人生 100 年時代"と言われる現代を生き抜くためには福祉制度を見直し、生涯学び続けることが重要である。本提案では、人々の繋がりによって起こる対話から得られる気づきやきっかけ"マナビ"を通して、人々を自律させる万人に対する福祉を計画する。物質的な豊かさに頼らない、持続可能な生活環境を形成していく。

支部講評

学び続けることができる"日常"と、その学びの"共有"を最大化する仕組みの提案である。典型的な"つくられた"日常が醸成された「団地」を舞台に、個人の既成領域を確保しつつ、そこに人同士の"接点"を与えることでできる「自律する福祉」という主題が、上手く表現できている。全国のどこの団地も抱えているであろう（ある意味、悲観的な）状況をポジティブに再構築するプロトタイプとなる可能性を含めて評価した。

（渡辺猛）

全国講評

昭和30年代以降、日本各地で巨大な住宅団地が整備された。60年の時を経て、その多くは世代交代が進まず、高齢化、空洞化によりさまざまな問題が生じている。本作品が再生の対象とした千葉県八千代市八千代台団地も「住宅団地発祥の地」といわれた大規模開発であったが、他の団地同様に、高齢化と空き家問題に曝されている。本作品はこの八千代台団地に「学び」の場を組み込むことで、地域住民と団地住民の対話を誘発し、人々の自律を促すことで持続可能な社会の礎を築こうという提案である。団地再生の提案自体はありふれているが、本作品が対象とした地域と団地に暮らす人物像は多様であり、単なる団地の改修計画にとどまらず、地域の背景や課題を十分に調査した状況が伺えた。また、その人物たちに提供される「学びの場」の検討は、詳細な分析に基づいているだけでなく、彼らに対する温かい目線が感じられる。動線を勘案した配棟、住戸ユニットの平面操作の提案はいずれも実現性が高い提案であり、その表現や検討プロセスも緻密であった。一方で、交流や学びの場が1階のみに配置され、2階レベルが住民だけの個人領域となっている点については、多くの意見があった。ありふれたテーマであるからこそ難しい素材であるが、そのテーマに真摯に正面から取り組み、文章化されていない地域の特徴を考慮して、形へと発展させた点は高く評価できる。

(林立也)

地域住民の自律による新たな価値観の創出

伊藤稚菜　市原佳奈
山村由奈
愛知工業大学

CONCEPT

福祉とは、「福祉＝ハンデのある人」というイメージをもつ。
この偏見に対し、「人だけでなく自然などすべてのものに対して求められる幸福」であると再定義し、人や自然が持続する福祉となるまちづくりのプロトタイプとする。
本提案では、それぞれの使命を終えた廃校と空き家に対してリノベーションという建築操作を付加することで、歴史を刻んだ建築物に新たなまちでの役割を与え、物語を紡ぐ。
また、提案が生活に馴染んでいくのを護岸や町の緑の広がりが可視化し、人はその中に強さを見出していく。

支部講評

廃校をコンバージョンした拠点と、街の点在する空き家をつなぎ、街全体に地域包括ケア、廃棄物処理、共生農法などサーキュラーエコノミーなシステムを内包させる提案。これからの日本では無視できない課題である。建築物も、小学校の耐震ブレースをデザインに取り込み、空き家もセルフビルドを含むリノベーションで活用するなど、新しくつくるだけではない意識を感じられた。できれば、建築の設計や施工のプロセスも含め、サーキュラーエコノミーで都市や建築をリデザインする目線を、もっと徹底して構築すれば、現代の建築が考えなければならない課題を浮き彫りにできたのではないか。テーマ設定や敷地設定が面白いと感じたので、今後に期待したい。
（西田司）

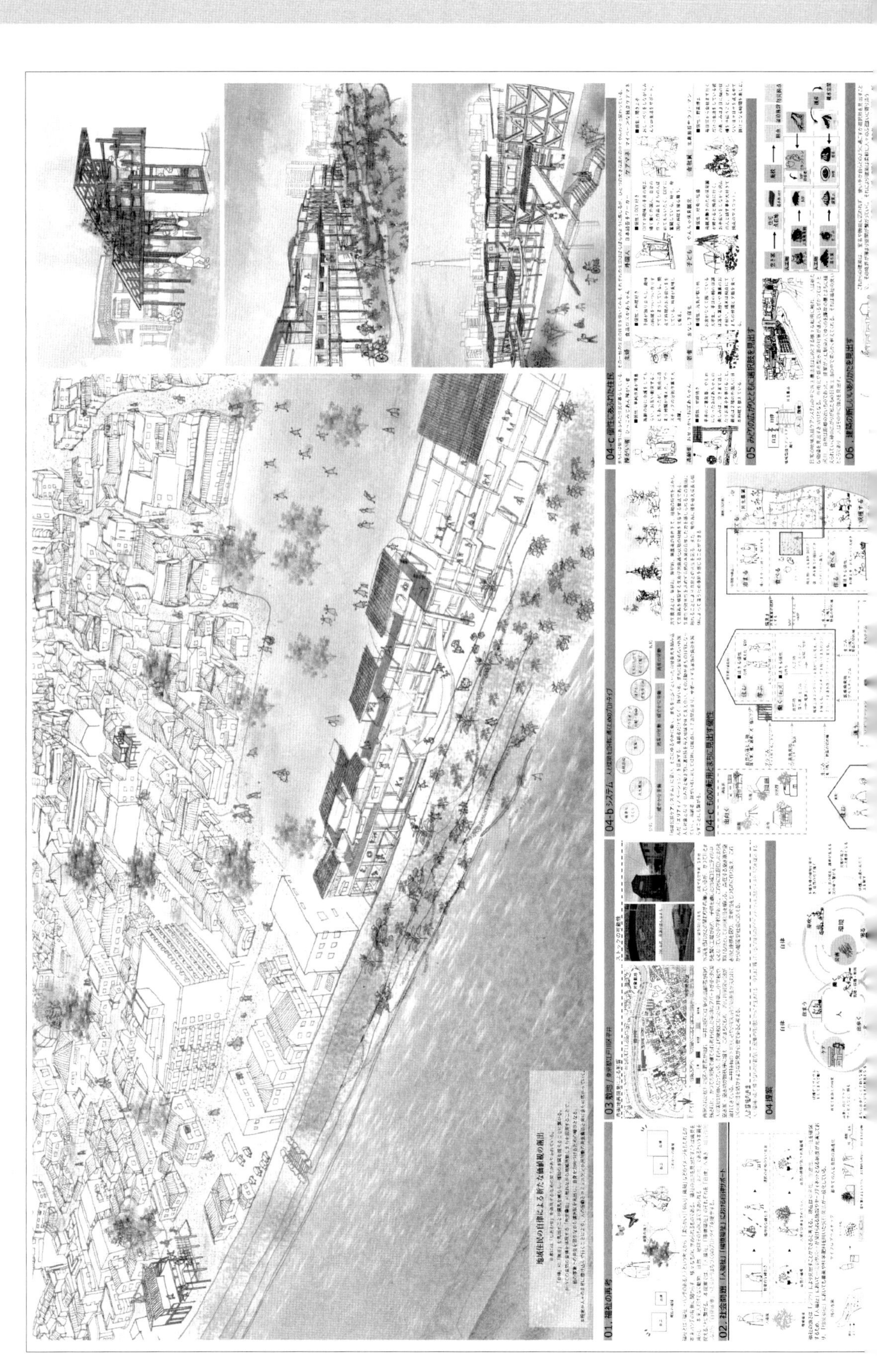

全国講評

再開発に取り残された東京都江戸川区平井地区の状況を丁寧に分析し提案につなげた作品である。廃工場、空き家、廃校を活用し、人の福祉と環境の福祉という観点でそれぞれが相互作用しながら自律的に循環することをコンセプトとし、地区再生提案の諸相が語られている。中でも建築的な視点で最も大きな提案は廃校を堤防化し、拡大した堤内地に農園を生み出すことで川と地域のつながりを再構築する試みである。建築と土木の融合、さらにそれが廃校利用であることなど現実的なハードルは高いものの、対象地区のもつポテンシャルを可視化し、それに果敢にチャレンジした点は評価できる。都市部におけるリバーフロントの価値が提唱され、川との触れ合いを仕掛けることでエリア活性を目指す事例は多いが、ここではそれが地区そのものへ開いていく提案となっている点は注目に値するだろう。

しかし、地区の問題解決に真摯に取り組むがゆえか、提案の全体像のフォーカスがぼけてしまった印象は否めない。それはプレゼンテーションのテクニックのみの問題ではなく、現実のプロジェクトでも複雑な状況の中で提案の核となるものがプロジェクトの推進因となることを鑑みれば、提案全体を俯瞰することで訴求力の向上が期待できるのではないだろうか。それは個々の提案が仮想の時系列で実現していく流れのトレースであるかもしれない。まだ開かれていないポテンシャルがありながらも丁寧な提案がなされた力作である。

（佐藤淳哉）

みずばたくらし
ー水郷からひろがる福祉の輪ー

河内駿　山田珠莉　青山みずほ
一柳奏匡　袴田美弥子
愛知工業大学

CONCEPT

福祉は、英語で「よりよく生きる」という意味をもつ。現在日本では少子高齢化が進むなか、高齢者の生きがい不足や育児がしにくい環境が社会問題になっている。そこで、岐阜県中津川市落合地区に高齢者が健康な段階で入居し、終身で暮らすことができる生活共同体、CCRC施設を計画する。水路を中心にすべての世代が利用できる施設を付随させることで、まちづくりの核としてすべての人の日常になる場を提案する。

支部講評

水郷の地域資源を用いて子育て支援や高齢化社会への対策および世代間、地域間交流を促す計画である。かつて地域資源といえば生産や消費の対象であったが、それを広義での福祉に利用する視点が興味深い。棚田にあわせた屋根、地産材の構造材、交流を促す水路など構成要素と地場が密接な関係にあることから、単発で短期的な提案ではなく、複合的かつ持続可能なモデルとなっている。また、水を通じたさまざまなアクティビティや交流もさることながら、格子状にかけられたフレームによって内外が建築化した街並みが広がる風景は興味深い。描かれている使い方やコミュニティにとどまらず、その先の使い方まで想像できる点が計画の飛距離につながっている。

（佐々木勝敏）

全国講評

本提案は、中津川の自然豊かな地域に、かつてあったような水を中心としたコミュニティを復元し、水郷としての新しい福祉のネットワークをつくり出そうという意欲的な提案である。雨を集めるという大きな屋根の下に巡らされた水路は、町の中を循環し、水を媒体としたさまざまな交流が行われるという一種の共同体のデザインである。確かに、かつての共同体では、その地域の資源を活かし、それを持続させるためにコミュニティが存在していた。福祉という難しい課題に対して、このような資源を媒体とする交流によってそれを下支えしようという発想は的を射ており、そのイメージも大変美しいものであった。一方で、少し疑問が残るのが、このような大きな屋根を一律にかける必要があったのかどうかという点である。屋根をかけることでこの場所が特殊性を帯び、外の世界観と切断された印象を受ける。コミュニティとは、ゲーティッドになった瞬間に系が閉じてしまい、その持続が難しくなるものである。この場所だけのユートピアとして描くのではなく、この内につくられた世界とその外にある世界を連続的につなぐイメージこそが開かれた系をつくり、真の福祉コミュニティに発展するのではないだろうか。そのためには、そもそも開かれた系である水というテーマをより広い視野から見て、その外部の世界も含めた循環として描ききるところまで行ってほしいと感じた。

（末光弘和）

平面図 S1：500

A-A' 断面図 S1：400

06. 風景

地域の共生社会圏

～地域住民の自給生活による幸福の再考～

大薮聖也　出口文音
五十嵐友雅
愛知工業大学

CONCEPT

戦後の経済発展により、幸福の度合いを測る基準がお金になることが一般的になった。本提案では、決められた形の幸せを持たない弱者たちが協力し、街に開いて行う自給活動によって、お金に頼らない幸せの再構築を行う。その活動を取り巻くさまざまな学びが、お金以外の幸せの価値に気づきを与え、自らの縛られた生き方を見つめ直すことにつながる。循環する福祉活動が地域を巻き込み、持続可能な共生社会へとつながっていく。

支部講評

人口減少高齢化によって増加した廃工場と空き家を活用し、街に潜む弱者たちのコミュニティを生む場と、地域と共生した自立した生活空間の提案である。建築的には廃工場と空き家の活用において中間領域の可能性を示唆し、境界が滲む挿入機能、新たな空間を提案している。これによって多くの情報、新たな発見、出会いの可能性、機能にとらわれない柔軟な気づき、偶発的な人との交流の場が存在し、地域も含めた自然的なつながりを提供する。その結果、地域の拠点となる自給自足の生活圏の形成を目指し、地域を巻き込む共生社会へとつなげている。境界を取り払った軸組だけの空間構成を描いた力作であるが、提案の空き家改修を含んだ周辺とのつながりを丁寧に描きたい。

（小野寺一成）

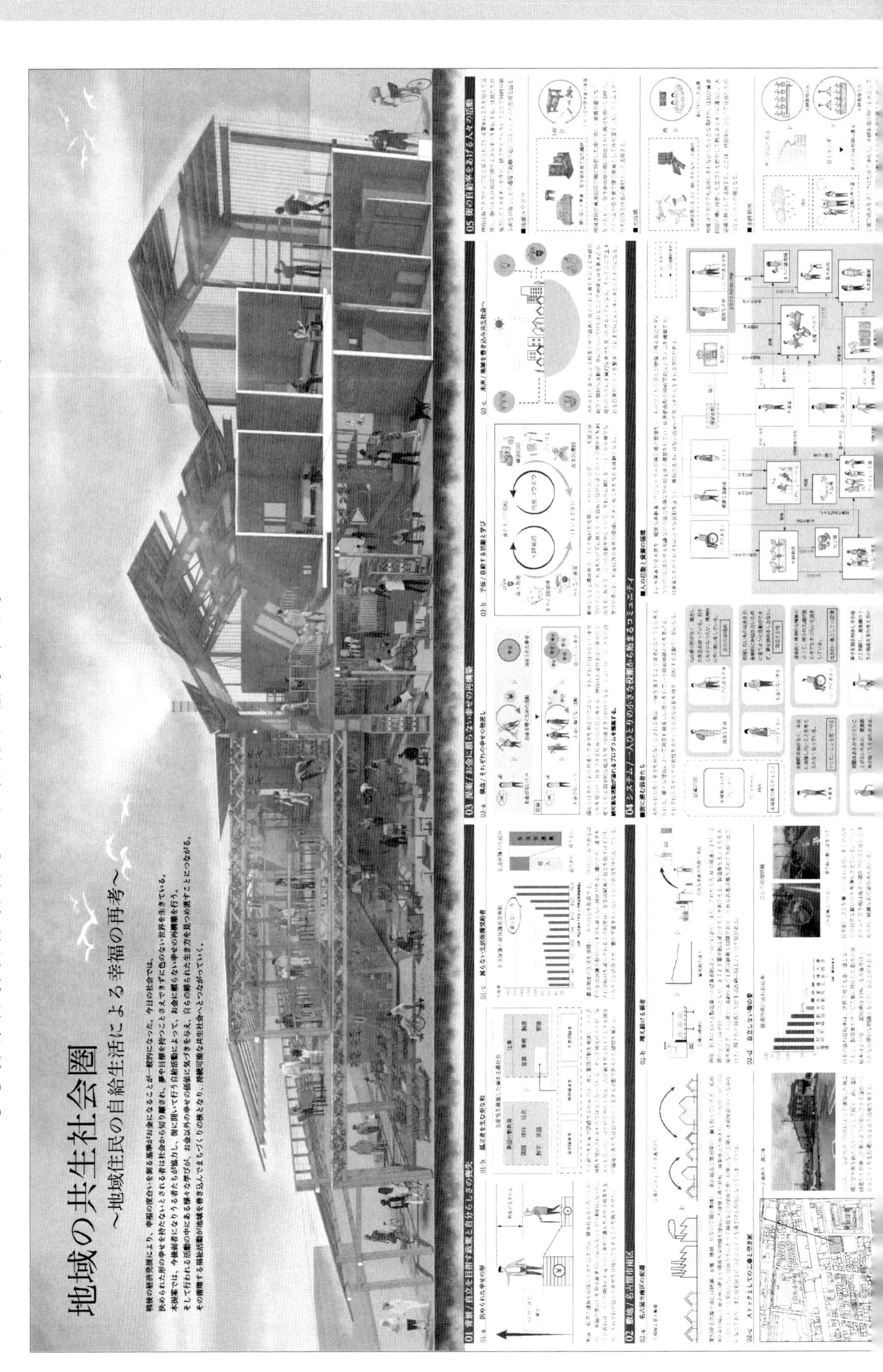

全国講評

現代の私たちの社会では、「働く」という一言にも多様な広がりがある。高度経済成長期には、働くことの定義は限定され、社会が成長することを目的に、生産性や効率を求めた仕事が多かっただろう。しかしながら、自らの暮らしを創造的にする、安心できる食物を育てる、生きがいを見つける、といった前時代の定義と異なる「働く」を想定するならば、その空間はおのずとこれまでの職場とは異なってくるだろう。この作品は、こうした広がりが想定される働く空間を、地域の廃工場や空き家といった増加する建物ストックと掛けあわせ、新しい人の活動や資源の循環を創出しようとする計画である。そこに展開される新しい農業や、地域の資源を収集してものづくりへとつなげる課題意識は明確であり、それらの生態系を形づくるプログラムの整理は優れている。その先の設計では、これまで仕事の担い手でなかったハンデのある人や生活保護を受ける失業者といった人々が継続して働くために、いかに作業を分解し、空間に定着させるかが肝となる。作業の流れや、具体的な物量を扱う空間の特徴、働く人の多様さを踏まえた空間のバリエーションなど、さらに踏み込んだ設計が試されると、より強度のある提案となったことだろう。しかしながら、廃工場に光が差し込みさまざまに展開する活動の情景は、効率から解放された働き方と、その先にある幸せの再考を促しており、示唆に富んだ作品といえるだろう。

（金野千恵）

コセイノマチ

平邑颯馬　原悠馬
神山なごみ　赤井柚果里
愛知工業大学

CONCEPT

「残余物」×「残余空間」×「障がい」がつくる常識破りの物語。忘れられた空間の高架下を新たな個性の発信に向けた場所として提案する。
個性を発揮すると言ってもカテゴリーごとで閉鎖的であったコミュニティを、繋がりをもつインクルージョンな第四世代へと変化させる。正のピア効果のような新たなユニークが生まれることを期待する。差別的思想である「障がい」を「個性」へと至極当然化する新たな福祉を考える。

支部講評

「障がい」を「個性」と当たり前に感じられるための教育活動施設。産業の工業化で社会は豊かになり不平等は是正されてきたが、工業化社会に馴染みにくいモノ・人・空間は可能性をよく検証されず現在に至る。一方、近年の技術革新等により、人の仕事はより創造的な領域へ移りつつある。本作品が扱う福祉は「差別」のもつ人道的な課題を乗り越えるだけでなく、「差別」が切り落としてきた（個性を軸に主体的に生きることで生まれる）未利用の創造性を掬いあげ、ノーマライズを超えた価値を生み出している。高架下空間の利用やアップサイクルといった「残余」の掛けあわせが、原初の簡素な建築空間にどう関わり変化し発展していくのか、想像が膨らむ。

（塩田有紀）

全国講評

日本の教育制度は、障がい者を特別支援学級へと区分してきたがゆえに、障がい者への距離感が生まれがちであった。一方で、障がい者は多くの生活扶助の制度に守られる反面、一般求人へのチャレンジや主体性が低下してしまうジレンマに陥ることがあるともいわれる。これは、インクルージョン・クラスルームにより幼少期から互いの接し方を学び、障がいを「コセイ」と捉え、差別的な感情を生じさせないアメリカとは大きな違いがある。本作品は、再開発地区の賑やかさの隣で忘れられた高速の高架下を対象とし、既存の福祉カテゴリーを超えたつながりを生み出すべく、サドベリー・スクールの概念をもち込み、未来の日本を支える学生と障がい者を主人公としている。計画されたユニークセンターでは、隣接する再開発地区の商業、教育、宿泊施設、興行場などと連携し、自らの領域にとどまらず、障がい者の「コセイ」を尊重しながら同時に新しい価値観をもった人材の育成を行う。提案で選ばれた敷地は高速道路建設によって生み出された残余空間、すなわち「コセイ」のない場所であり、障がいを「コセイ」と捉える社会背景が育っていない日本の福祉制度へのアイロニーとも思わせた。惜しむらくは、運河沿いの原風景であるコンテナをモジュールとした配置により生まれる余白が、積極的に周辺地区と応答するとより魅力的な提案となったと思われるが、日本の福祉教育の在り方に一石を投じる作品であったことが評価された。

（松田貢治）

日常×日常×日常

瀬山華子　**古井悠介**
北野真凜
熊本大学

CONCEPT

海から遠ざけられがちな特別支援教育を受ける子どもたちが、まちに広がる屋根の下で海を感じながら、社会を学ぶことのできる漁業町を提案する。 町の中で余白となった住戸内の使われていない空間や空き家の一部を減築し屋根をかける。屋根下空間を「ルーフシェア」として提供することで、特別支援教育の子どもや住人、漁師、観光客など屋根を通して色んな人の日常が重なる。

支部講評

空き家の目立つ漁業町で減築をしながら各所に小さな屋根を挿入し、特別支援教育を受ける子どもたちと社会との接点をつくりつつ、新しいまちのコミュニティの在り方を提案している。子どもと社会の見えづらくなった心理的な隔たりに対して、あくまでも日常生活の中で屋根というシンプルな建築要素をスケール操作し、屋根・壁・床の要素にうまく変換しながらコミュニケーションを仲介する中間領域を形成している。建築的手法と表現はやや単調に映るが、俯瞰的分析による計画アプローチとは異なる、とりわけ子どもからの視線を丁寧に想像し追いかけた提案者のまなざしを評価したい。表現されている子どもに寄り添う手の存在も提案の実現に大切な意味があることも付記しておく。

（前田哲）

全国講評

危ないからと外に出されず、海から遠ざけられ、閉鎖的な施設で過ごす特別支援教育を受ける子=特支の子の生活は、かつて家屋から溢れ出していた生活感を失い、過疎化・空き家の増加で生活感が家屋の中に潜んでしまった町の気配とパラレルである。熊本県八代市の漁師町でその両者の閉塞感を開く試みの提案が本作品である。その手法はルーフシェア。町の空き家の減築や改修による廃材等を利用して町の余白にさまざまな屋根を掛け、特支の子の放課後デイサービス、見守る住人、そしてあるいは八代舟出浮きの観光客がその仕掛けでつながっていく。それはそれぞれの日常が溶け合っていく世界。おそらくはその世界観を反映した魅力的なスケッチでその提案が表現されている。福祉という言葉は施す・施されるといった感覚を呼び起こす側面があるのだが、ここで目指されているのはそうしたベクトルではない。特支の子は放課後デイサービスを施してもらっているのではなく、逆に見守る住人の目を町に引き出し、しぼんだ生活感を緩やかに町に拡げてくれる。~してあげる・してもらう・おかえしする、といったベクトルのやり取りではない緩やかな在り方、その緩やかさこそが「日常」というスピード感の優しさなのであろう。ルーフシェアの仕掛けの形状の建築言語化(表現では一様な矧ぎ材?)については今一歩イメージが貧困な印象を与えてしまったが、「日常=緩やかさ」の提案としては秀逸であると思われる。

(佐藤淳哉)

支部入選作品・講評

Reframing

―就労継続支援B型事業所を新たな枠組みで可視化する―

岩澤浩一　原辰徳
池田流風
北海道科学大学

CONCEPT

北海道札幌市手稲区本町に実在する就労継続支援B型事業所が入る雑居ビルのリノベーションおよび隣接する空き地への屋外スペース・多目的スペースの新築を提案する。就労支援の活動を可視化する4つのフレーム（まちのキッチン・工房・市場・ギャラリー）により周囲の都市施設との連携、リンクワーカーを交えた活動の拠点をつくり分断を乗り越え共鳴する仲間が集うまちづくりの核をつくる。

支部講評

札幌市郊外の商店街に実在する就労継続支援B型事業所のリノベーションを主とした計画。事業所での活動を可視化するだけでなく、隣接する空地へ施設を拡張し、商店街との接線を延長・連続化することで、まちづくりの「核」としてのポテンシャルを高めようとする実現性の高い提案である。事業所の枠組みを広げ、周囲の商店とリンクした活動を可視化することで同志を集め、人を介して周辺都市施設と連携させせようとする取り組みの先に、分断を乗り越え面的に街がReframingされていく可能性を感じた。

（赤坂真一郎）

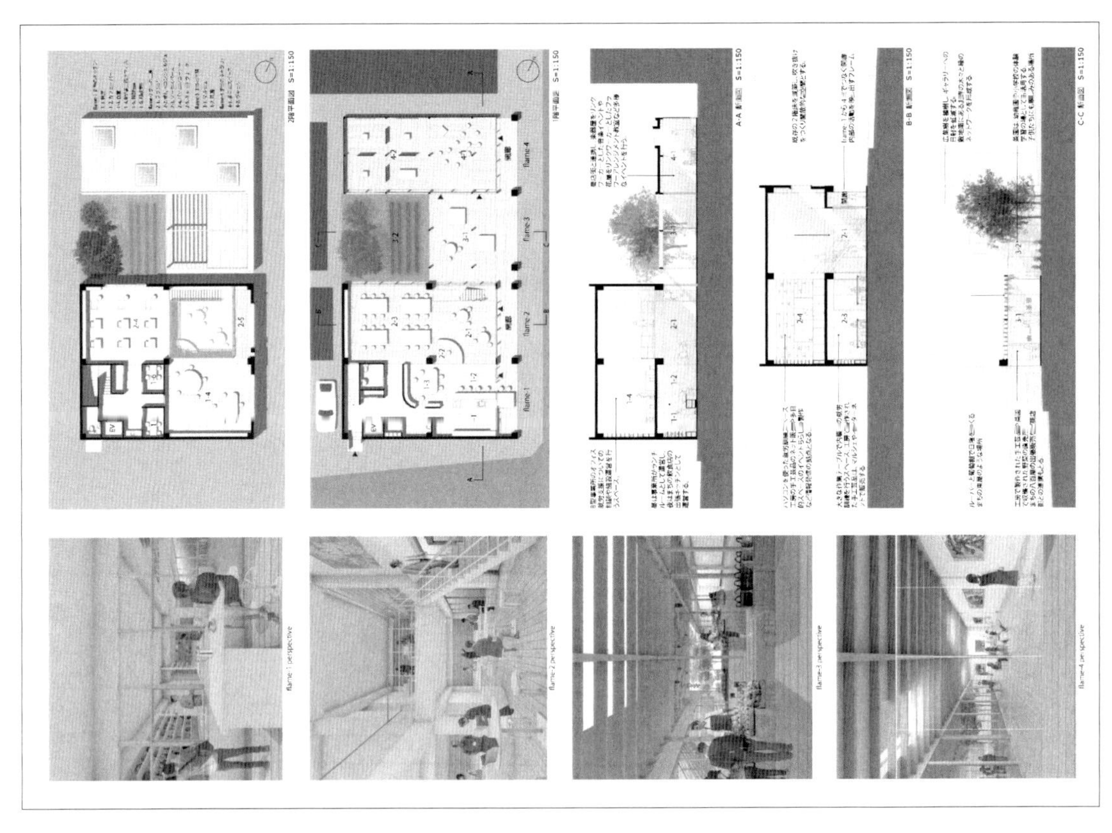

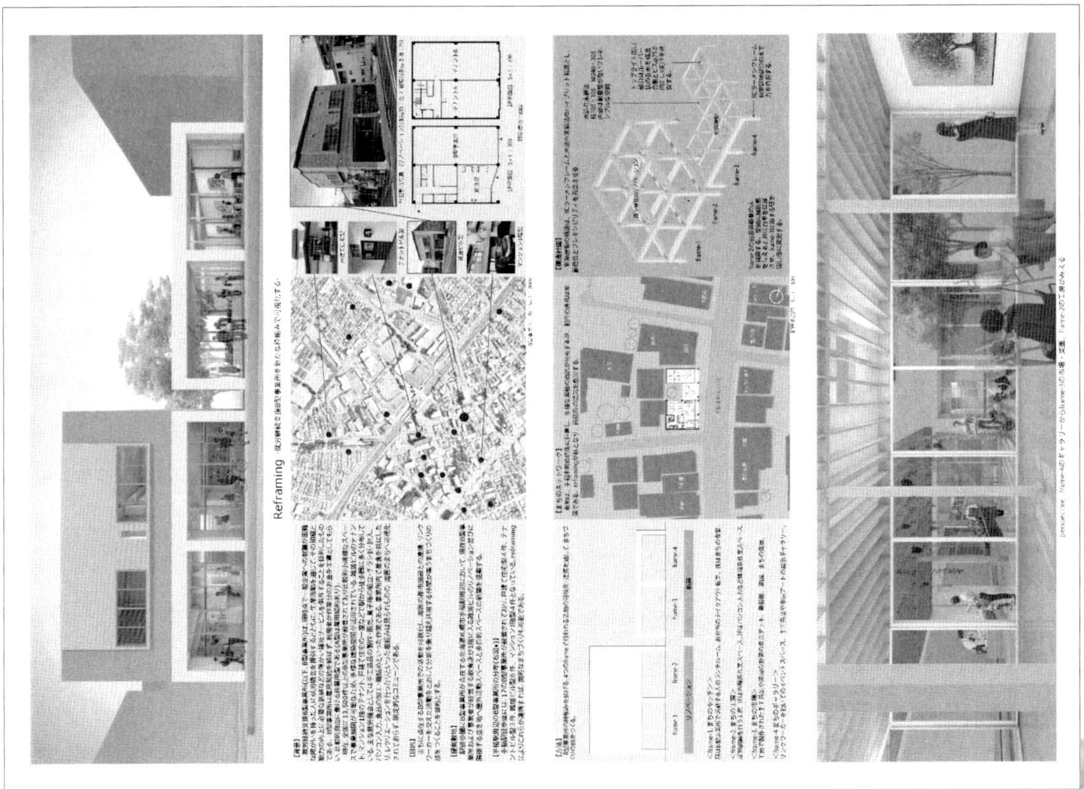

Thermoscape

猪股航平　伊藤健生
中村極　大西将貴
室蘭工業大学

CONCEPT

温熱環境を空間の多様性の一面として捉え、まちの林業に参加しつつ利用者が主体的に環境を選択することが知覚刺激や精神面での補助となる福祉施設を提案する。林業の木材利用として熱源に注目し、薪ストーブの採暖形式とペレットボイラーの全室暖房の二種類を入れ子空間に当てはめてゾーニングを行う。さまざまな温熱環境ムラの中で、利用者は薪割りや木工品製作など、6次産業化や林業促進に関連する営みを通してまちの核を担う。

支部講評

プログラムの立案に始まり、それをひとつの建築作品として昇華させるには、かなりの力量が必要な課題である。北海道支部に提出された作品においては、プログラムの説明に終始し、建築空間について語られることがほとんどない、事業コンペの様相を呈していた。そんな中でも、この作品は、建築によって何かをしようとしている姿勢に好感がもてた。地場産業である林業に着目し、その木材によってつくり出される建築の温熱環境の違いを起点として、さまざまな活動を誘発しようとしている。しかし、配置計画や個室のつくり方など検討できることはまだまだ沢山ある。プログラムを超えたところにある建築の在り方についてもっと考えてほしかった。

（久野浩志）

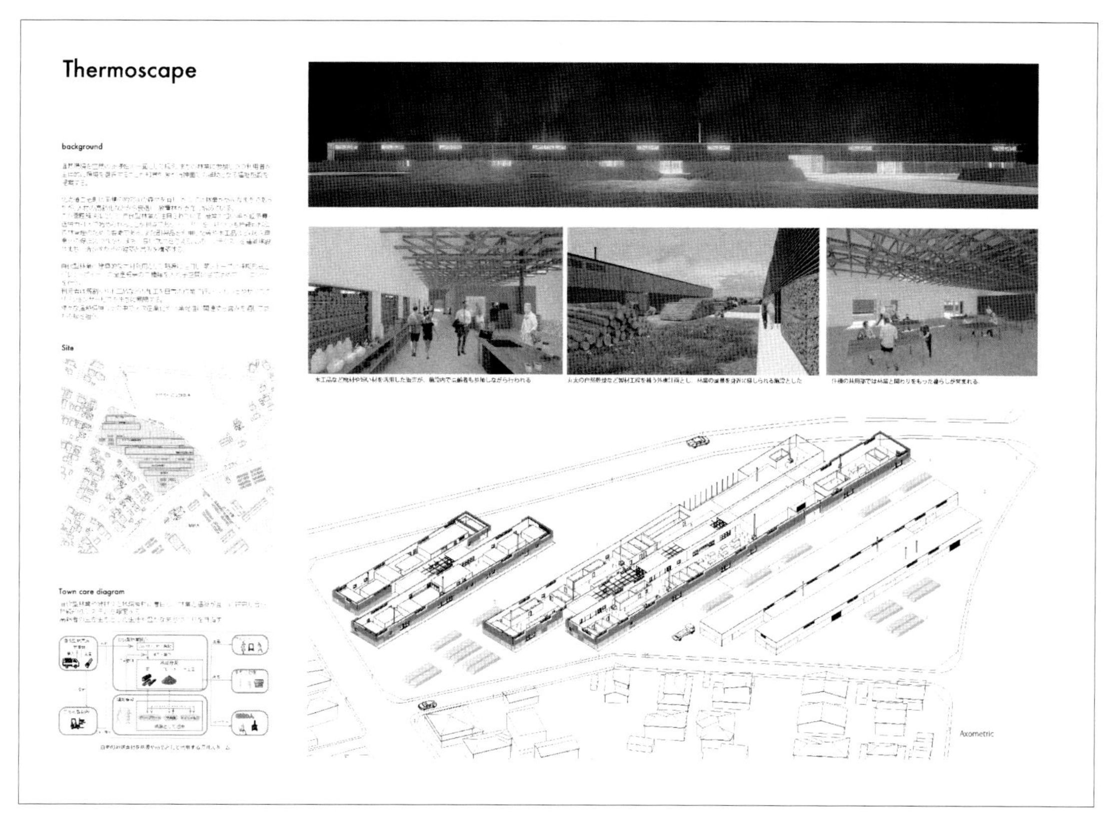

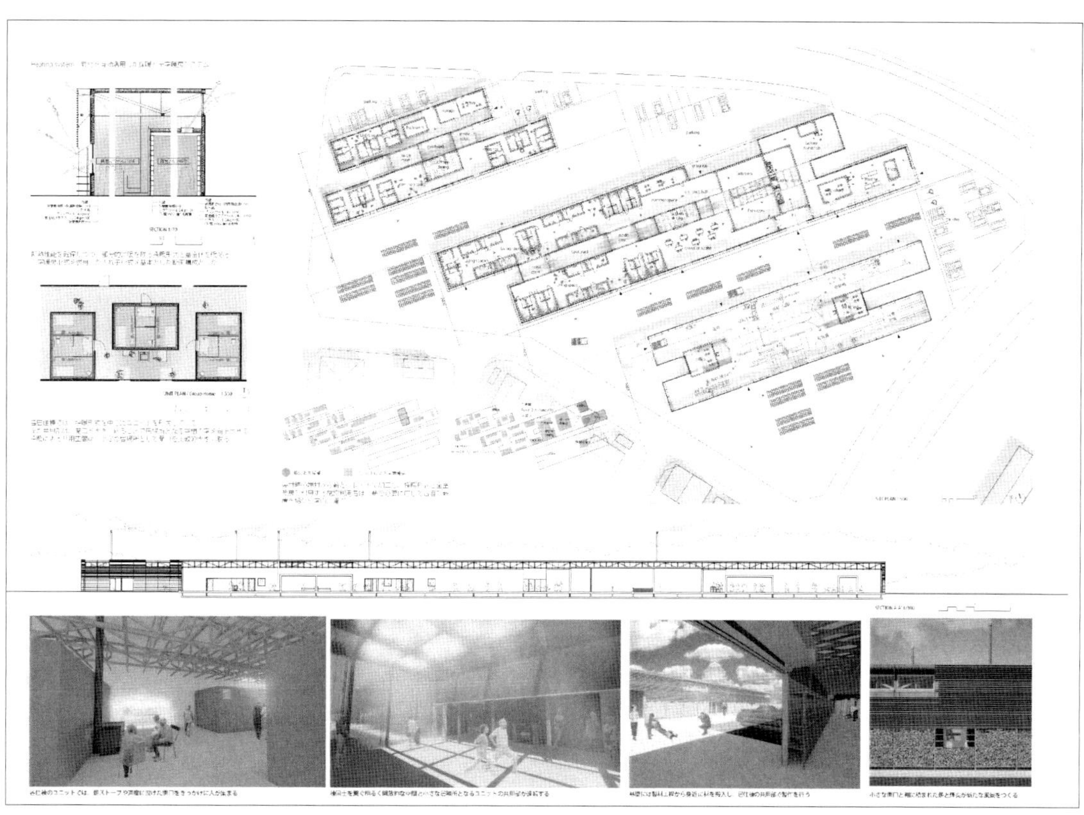

支部入選

馬を育て馬がつなぐ人と街

古内一成
武蔵野美術大学

CONCEPT

宮城県石巻市に「障がい者グループホームと在来馬の保存施設」「地域農園 野菜直売所」「レストラン」の3施設を計画する。それぞれが建つ敷地は自然、住宅街、観光地といったように全く異なるコンテクストをもち、それら3施設を馬搬により繋ぎ合わせ関係を作り出す。馬搬を通して街との接点を増やし、孤立しがちな障がい者施設を街に開いていく。本提案では、安心して帰ることができる家と障がい者に対して、雇用を生み出す野菜直売所やレストランを計画することで街と関係をつくっていく。障がい者が保護されるべき存在から「社会の担い手」となる。

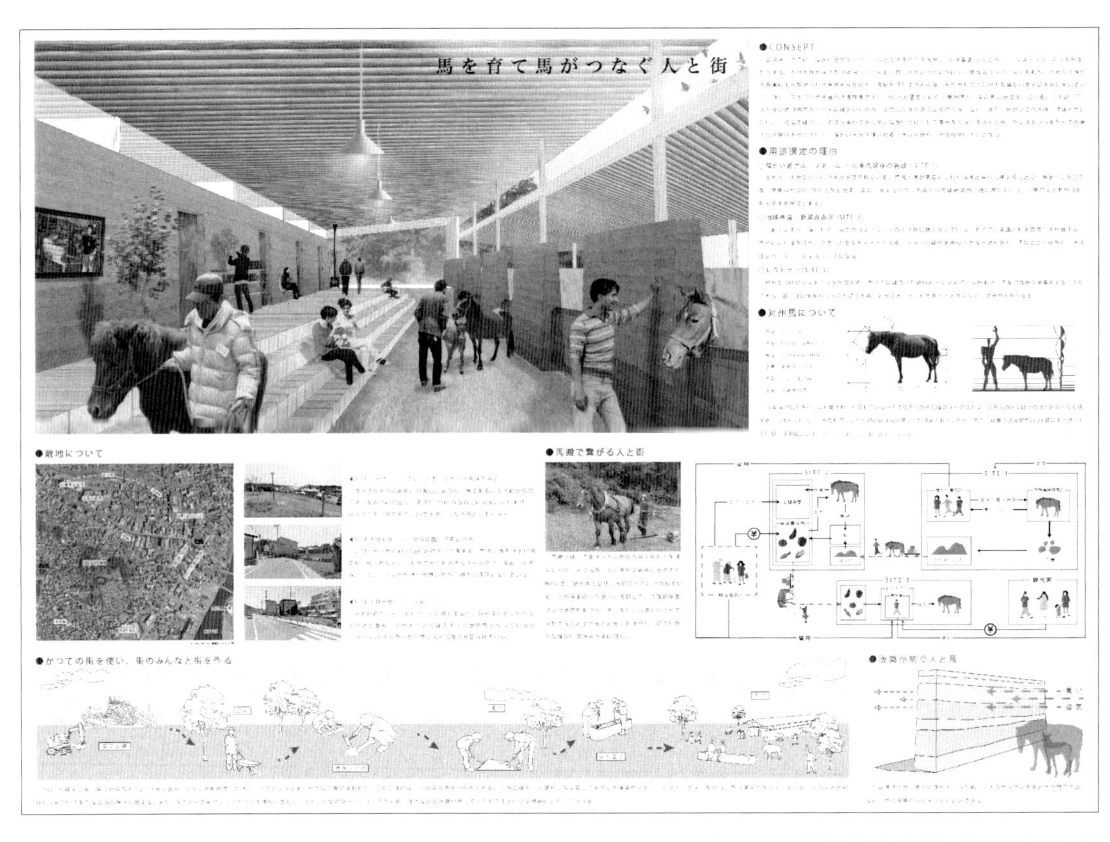

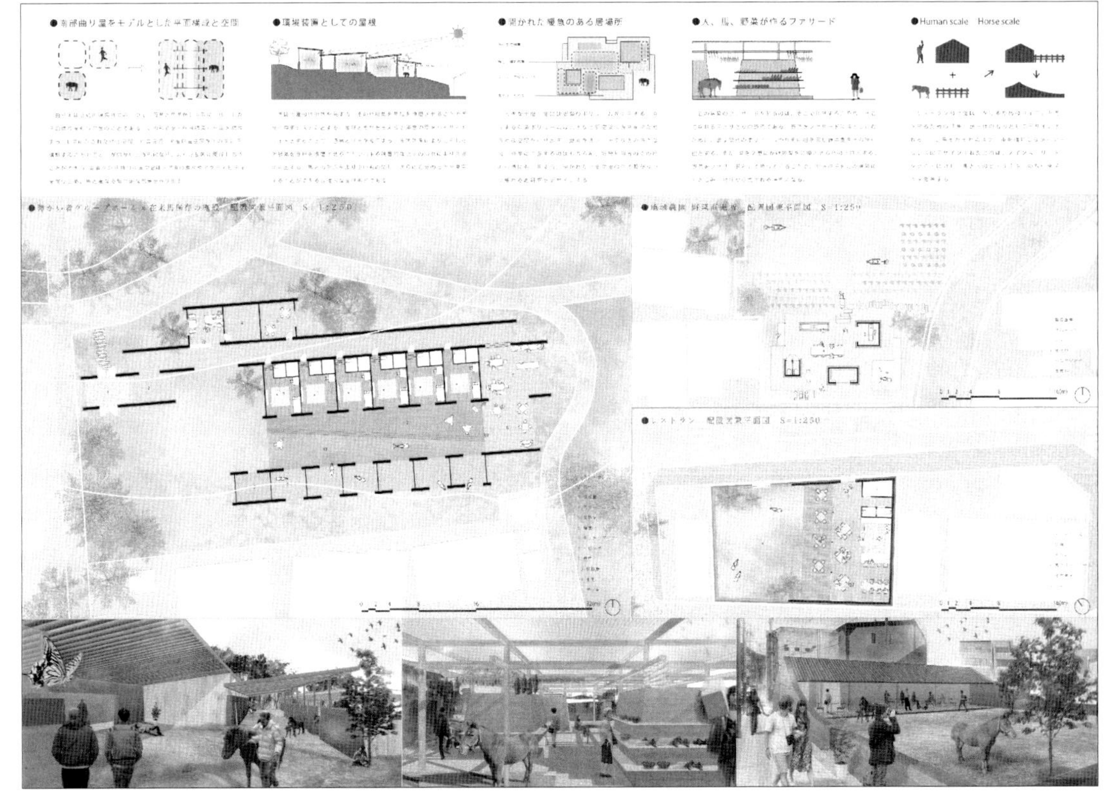

支部講評

本作品は、石巻市に「障がい者グループホームと在来馬の保存施設」「地域農園　野菜販売所」「レストラン」の３施設を分散配置し、それらを馬搬によってつなげる提案である。精神的な障がいをもつ方々が、馬と寄り添った生活を送ることで相互によい影響を与えることを狙っている。３施設が敷地の特性を生かしつつ、障がい者と地域住民と観光客をつないでいく様子や、施設運用による雇用確保など、障がいの理解と障がい者自身の自立を促すスキームが評価された。建築としては、版築の壁や屋根形状によって、人と馬が共存する空間や良好な温熱環境を生み出そうとしており好感がもてる。加えるなら、障がい者と馬の日常生活の特性に対して、空間的機能的配慮があると説得力が増すだろう。障がい者と馬が抱える「生」を真摯に捉えることで生まれる空間や物語もあるのではないか。

（平岡善浩）

廃校×多文化共生
～外国人を媒体とした福祉のまちづくり～

恒川日和
桶澤舞美 *
京都市立芸術大学　愛知工業大学 *

CONCEPT

本提案では、まちづくりの核として機能していた廃校を活用し、そこを拠点に外国人を媒体とした福祉を展開していく。外国人の日本語・技能教育、多文化交流の機会の提供と同時にそのまちに住む地域住民にとってもよりよい生活を送ることができるような教育・学習の機会の提供や居場所を形成していく。学校教育の場として機能していた学校を社会教育の場として再構築していく。

支部講評

本提案では、地域に残る廃校を「かつてのまちづくりの核」と捉えて、外国人を媒体とした地域福祉の展開を模索するものであるが、施設整備の「9つの効果」が総花的に列記されるにとどまり、外国人向けの社会教育（日本語・技能教育）と地域住民向けの福祉施策（多文化共生、居場所づくり……）の実態的な関連性が読み取りづらい。廃校再利用・増改築のパースやタイムスケジュールからは楽しげな雰囲気やまちづくり活動の多彩さを窺い知ることはできるが、「外国人を媒体とすること」の意義や「文化・生活・環境の三軸（三層）構成」の意味など、提案趣旨が曖昧なままにとどまっている点が残念である。

以上、やや厳しいコメントだが、このような施設が生まれ、具体的な活動メニューの開発が進めば、上記の疑問は自ずと解けていくはずであり、実践との相互作用を促しうる魅力的なプランであるといえよう。

（増田聡）

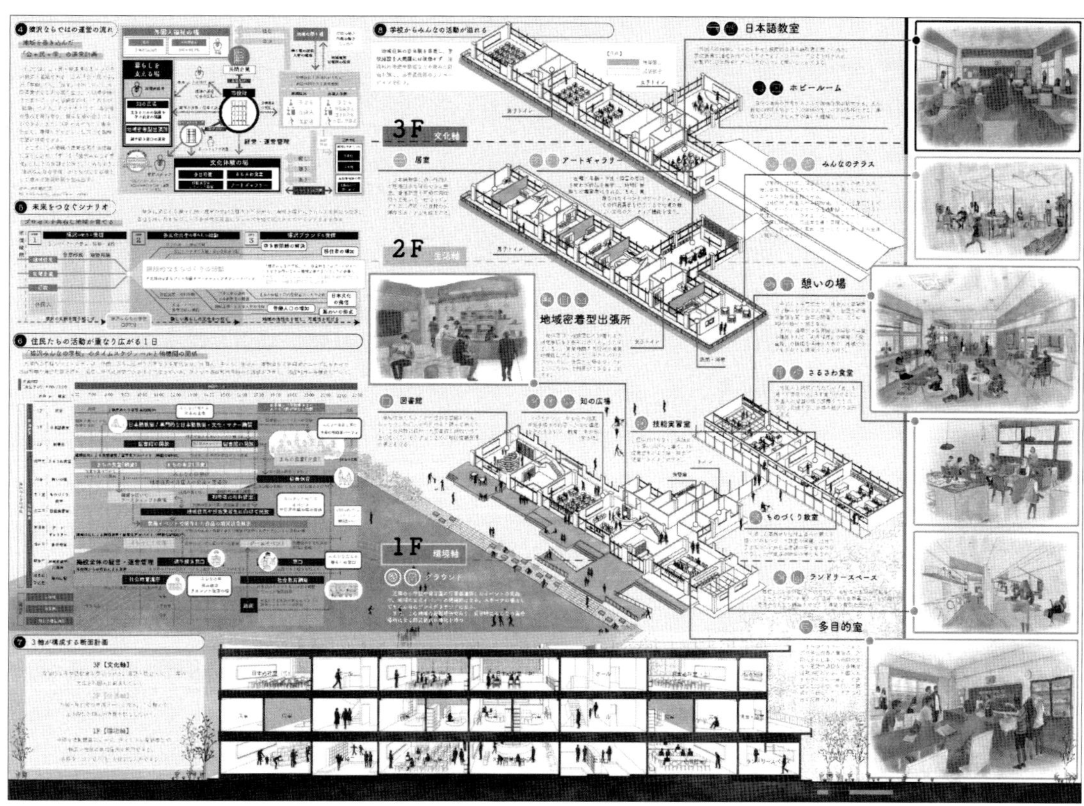

街と福祉を繋ぐ塀

阪口元貴　大坪篤貴
穂積佳子　岩村晃志
立命館大学

CONCEPT

近年、少年の再犯率が増加傾向にある。現代の少年院は過度な看守のために固い「塀」に覆われ、社会と分断されている。つまり社会復帰を目指す場として機能せず、少年院出院後の世界を異質に感じ、再犯に繋がってしまうのではないだろうか。
この塀を少年院と街を緩やかにつなぐ空間として再構築する。少年が自己更生の過程でアウトサイダーアート（自己表現のアート）を描き、それが市民へと公開されるプロセスを塀空間に取り込む。

支部講評

少年院と社会を隔てる壁としての「塀」を空間化し、緩やかに両者をつなげることで少年たちの再犯率の減少を図るという計画である。少年と社会が出会う場を段階的に設け、お互いが理解し合う機会を増やすことを建築的に試みている。水平・垂直方向に多様な空間が連続的にデザインされていることがパースから読み取れ、設計力が高いことが分かる。一方で、少年と社会の間には必ず一線が引かれてしまうため、場合によってはこの建築が見世物小屋のように捉えかねられないのではないかと感じた。これが他のプログラム、例えば学校の塀であれば社会的な要望と建築の新しい在り方を同時に追求できる、とても可能性を秘めた提案だと思う。

（齋藤和哉）

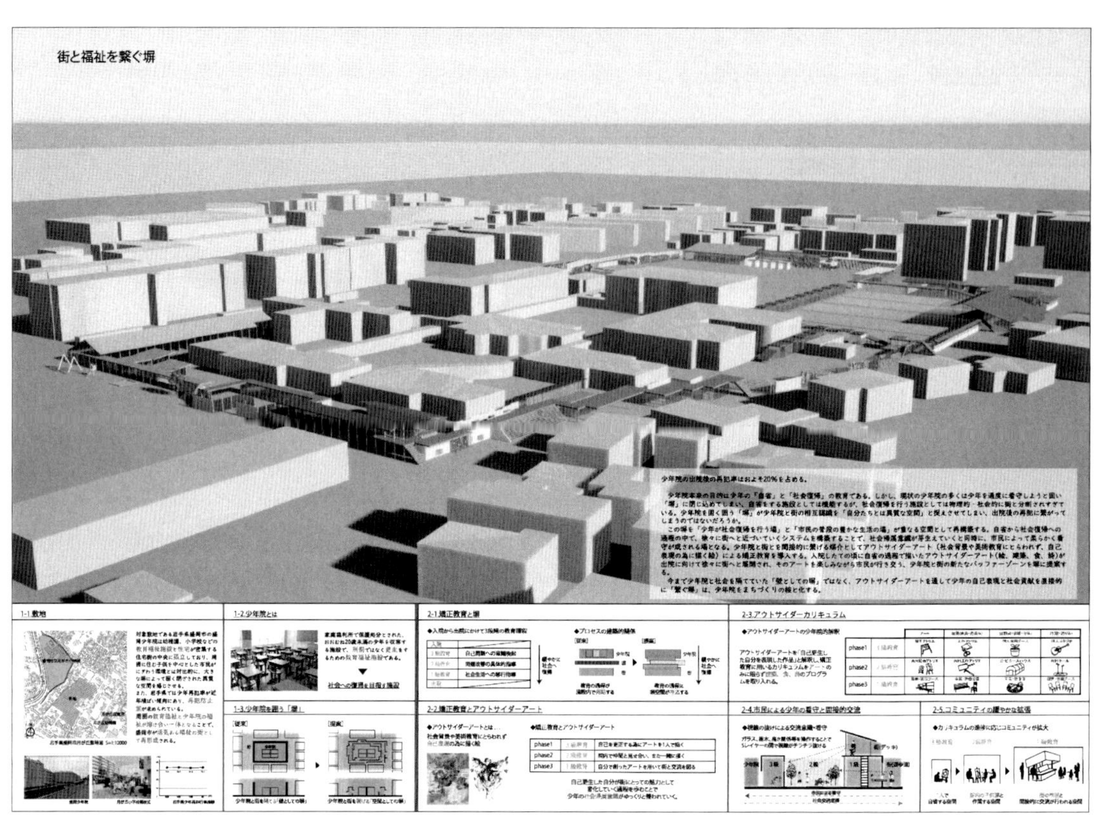

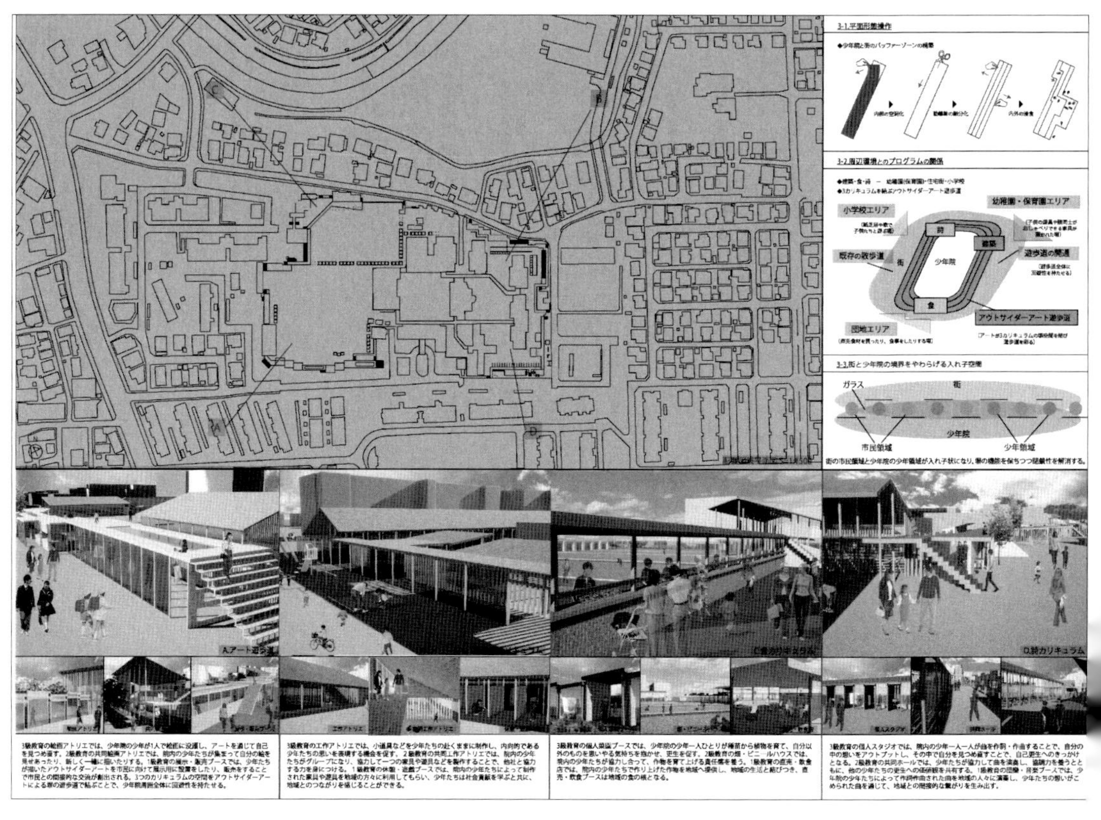

ミニジーズ
―暗渠と17の提案―

藤田大輝　　黒田尚幹＊
石井健成＊　渡辺真理恵
日本大学　工学院大学＊

CONCEPT

現代、福祉は高齢者、妊婦、子どもを連想させる言葉になりつつあるが、本来福祉とは特定の人に与えられるものではなく、全ての人へ平等に付与されるべきである。SDGsの「誰一人取り残さない」という福祉と一致する部分に注目し、官民連携のもとSDGsを日常的に考えることで、より良い福祉に繋がることを目指す。東京都の暗渠のネットワーク網は地域の中での取り組みをより密接にする役割を担い、まちづくりの核となる。

支部講評

さまざまなアイデアを並列的に提示するタイプの提案である。それら複数の提案を束ね、ひとつの意思として提示するために「SDGs」と「暗渠」が用いられているのであるが、本コンペの課題である「まちづくり」のインフラとなりうる後者に着目した点を高く評価した。暗渠という日常的に隠されている資源に光を当てる戦略が秀逸である。SDGsという優等生的なガイドラインをなぞったせいか、あるいは日常に寄り添おうとした優しさゆえか、全体としての提案の強度が弱まってしまったのはやや残念であったが、暗渠という物理的な存在にしっかり向き合ったいくつかの提案を深掘りしネットワークすれば、さらに明快で説得力のある提案になるに違いない。

（雨宮知彦）

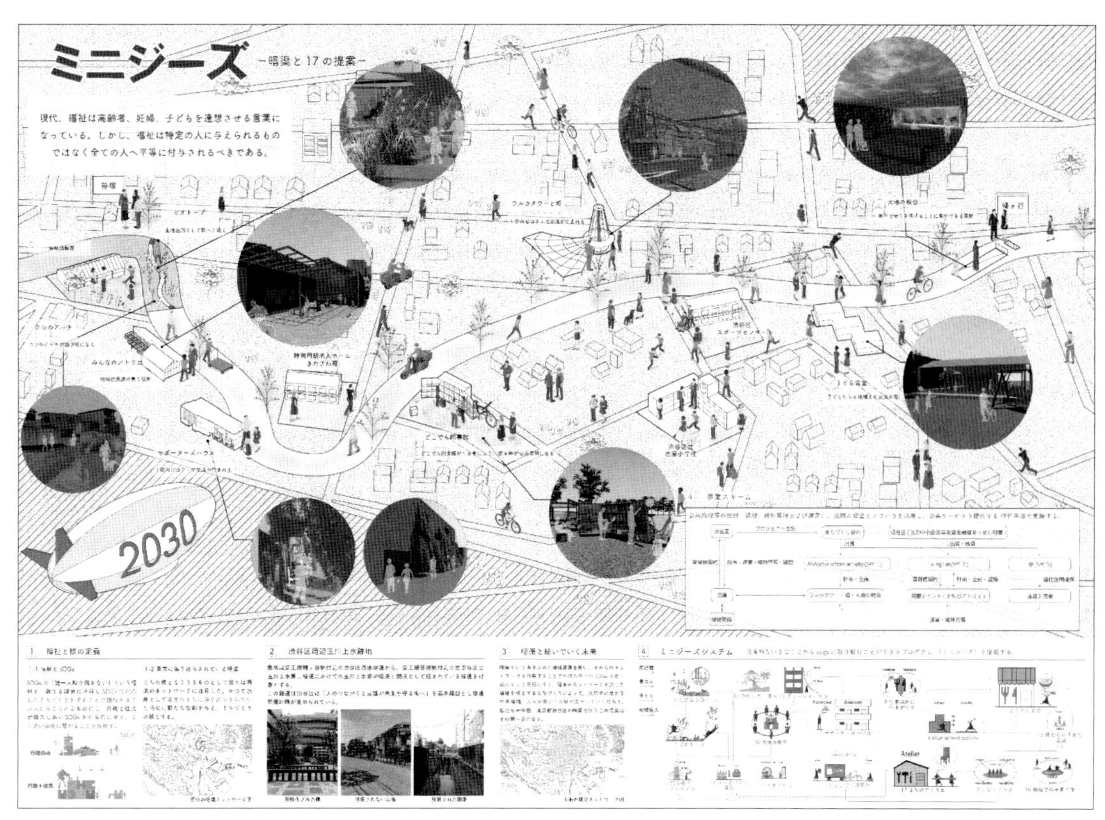

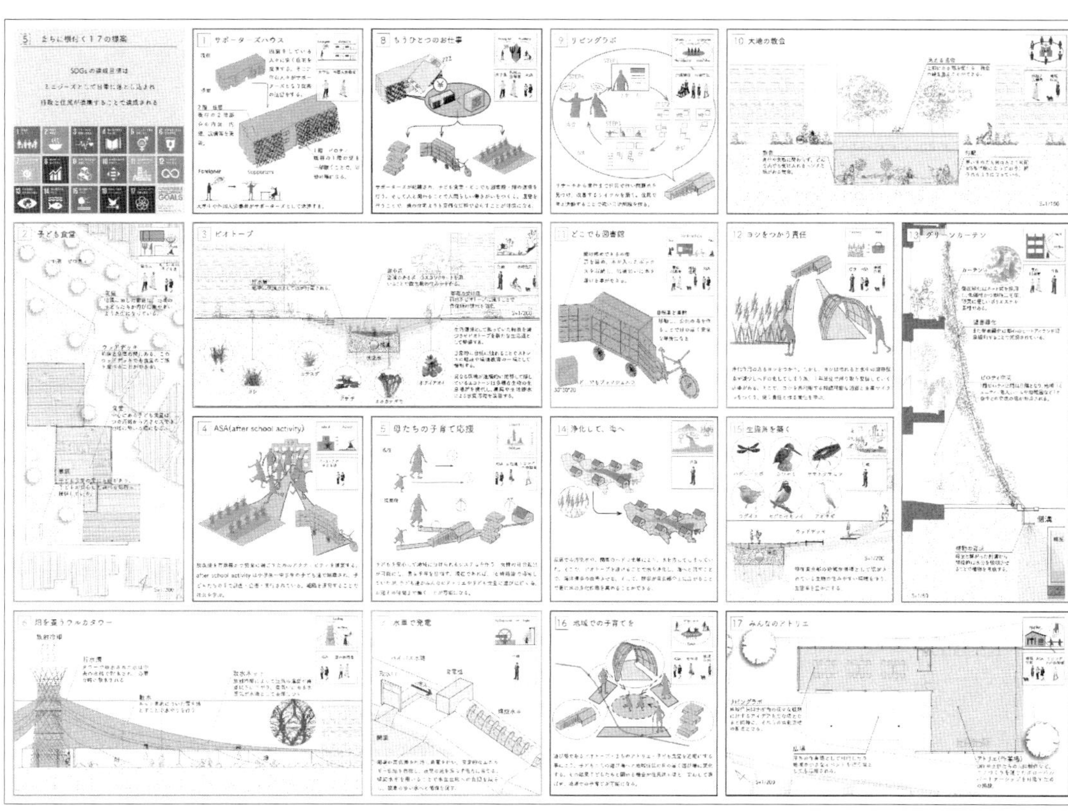

アツマリバチのワケアイマチ
―だれかと分け合うわたしのすみか―

木下惇　荻野汐香
井山智裕
日本大学

CONCEPT

みんなが幸せに生きるまちをつくるためには、「幸せを損なう可能性」を排除していく必要がある。人々の活動と結びつく「ワケアイ」によって、幸せの秩序が保ち続けられるまちを生みだしたい。ワケアイマチで提案する「ワケアイ」は、富の再分配や保障制度ではなく、わたしたち一人一人の精神を繋ぐ、心を潤す手段である。人間の核である心を潤し続ける「ワケアイ」を用いて、持続的な「福祉」を核とするまちを提案する。

支部講評

私自身が「空間の交換」の研究をしていることもあり、大変興味深く提案を見た。金銭による売買ではない、物々交換的なやりとりによって、より必要とする人のもとに必要な資源が配されるというビジョンは確かに福祉的な視点と相性がよい。通常ここで課題となるのは「空間」は「モノ」のように動かせないという点であるが、この提案では空間が空中を移動するというユニークなアイデアによってこれを乗り越える。若干幼稚なビジュアルで損をしているが、近い未来にそんなことも可能なのかもしれないと思わせてくれる、アイデアコンペならではの楽観的な提案に好感をもった。提案されている六角形の新築ではなくとも、既存の街にパラサイトして展開していく未来も面白そうである。

（雨宮知彦）

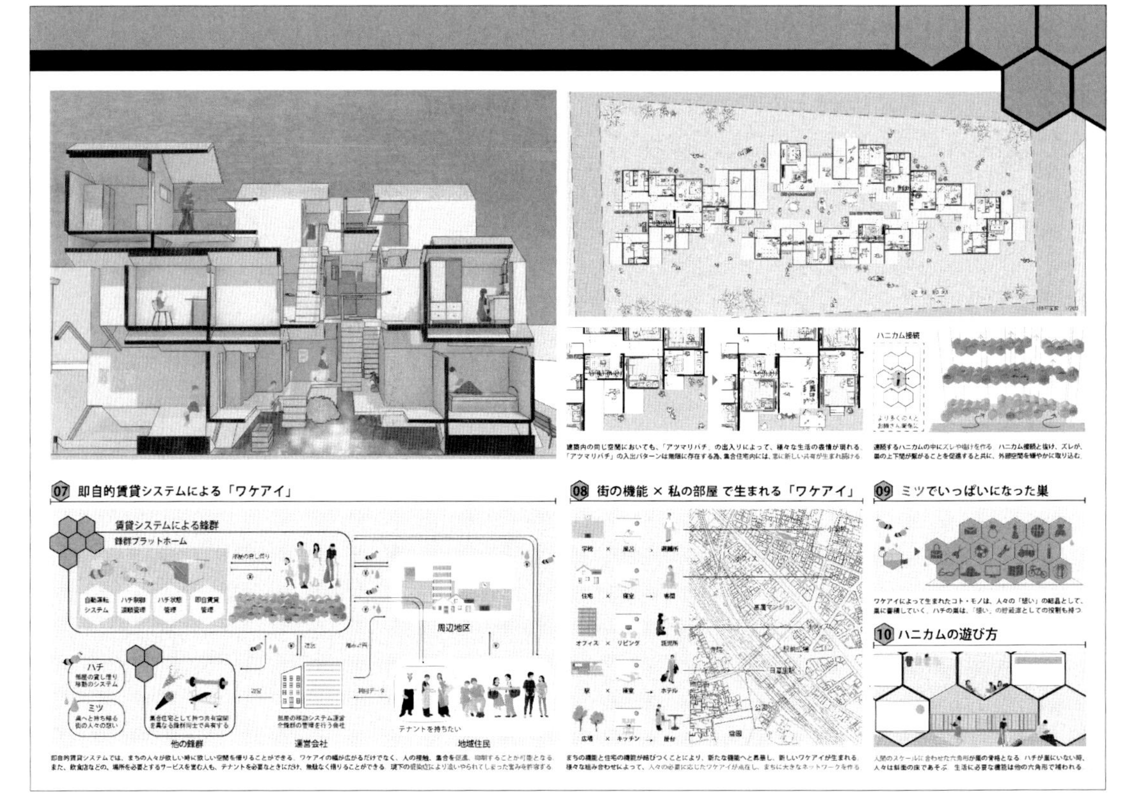

不在の存在

益山直貴
佐藤直輝
前橋工科大学

CONCEPT

この提案は、同化主義的ノーマライゼーションではなく、多元主義的ノーマライゼーションの実践の可能性を探る。そのためにここでは、人間の根本ともいえる生と死に着目し、建築をつくるのではなく、生命の平等に基づき、ただ人間を受け止める場をつくる。そこで起こるさまざまな運動は、人間的な個性の表出である。そのような場をつくることこそが、今の時代に求められている福祉の在り方なのではないかと考える。

支部講評

ノーマライゼーションという概念に対して、現状の建築計画を調整していく方法ではなく、元来人間の居場所のために設計されていない（土木建造物のような）ものの側面からアプローチしようという作品に感じた。その意味では、今回いくつか見られた手法かもしれない。誰もがふらっと立ち寄れるようなビジョンが垣間見られる模型写真に、新たな公園（地域の核）となりそうな萌芽を感じた一方で、現実の具体的な事柄を含みこんだ提案も見たいと思った。敷地がフラットという価値は周辺環境との関係で生まれるものであるし、外周の壁や全体の屋根に関しても説明が少ないように感じた。そして、記号のように貼られた和室やキッチンは何を意味するのか。模型表現や図面表現とあわせて、もう少し丁寧に共感の方向を示してほしいと思った。

（篠原勲）

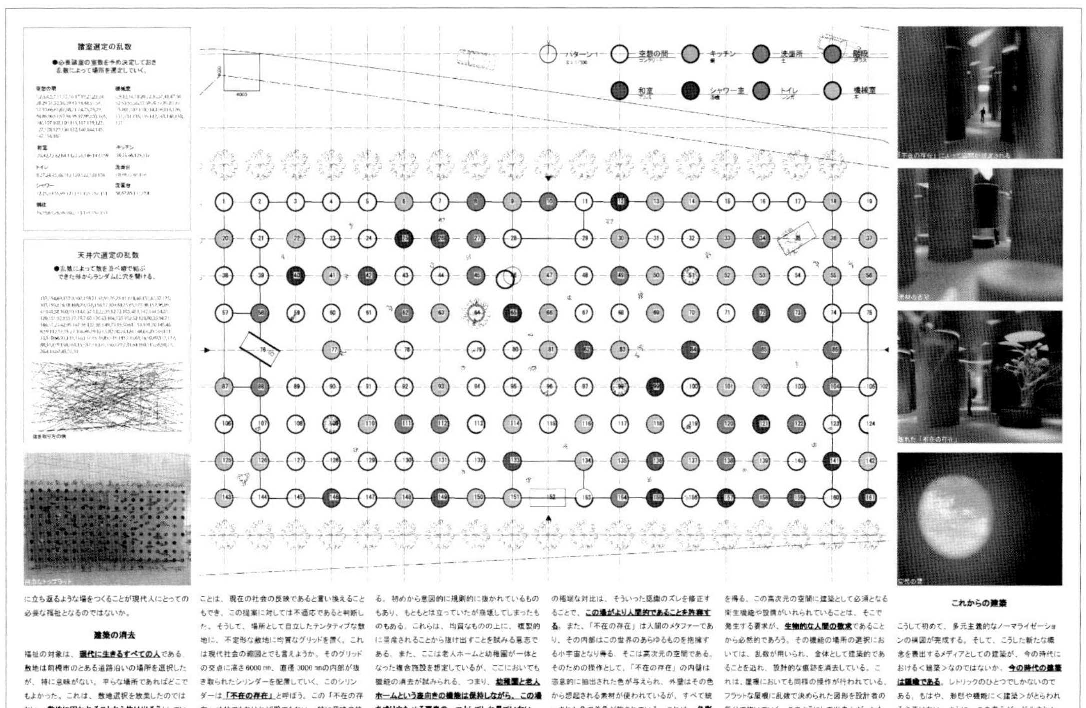

伴走する商店街
ーネットワークによる福祉圏の構築ー

杖村滉一郎　堀江欣司
高瀬暁大　山田隆介
東京理科大学

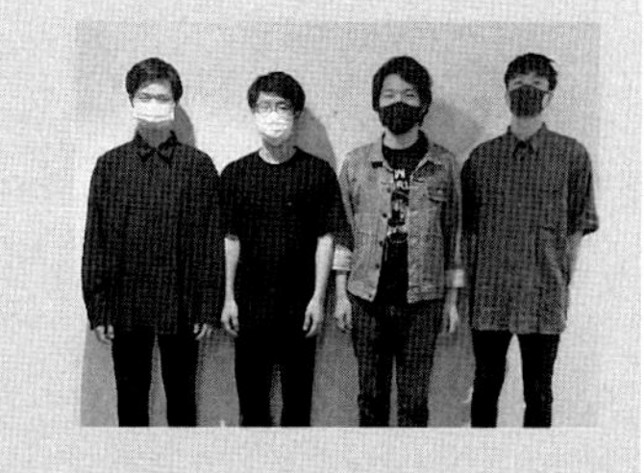

CONCEPT

本提案は、商店街を自宅と福祉施設の間に位置づける試みである。
まちづくりとして、馴染みのある商店街で高齢者がサポートを受けられる環境と、商店街の機能を「売る・買う」から「支える・使う」への、商店街自体の存続を担う機能の挿入を図る。
分散的に機能を配置し、さまざまな主体と空間によってこれをネットワーク化し、商店街全体として福祉圏を構築する。
まちづくりの核として高齢者への福祉を商店街と伴走していく提案。

支部講評

既存商店街に新築、改修建物を貫入し、全体を福祉圏として構築していくネットワーク系の提案である。高齢者福祉の視点から、自宅と福祉施設、日常と要介護の中間的な役割に着目し、商店街区の中に生活施設を分散配置することで、福祉の抱える課題と商店街が抱える課題に対し双方向からアプローチしている。配置される各施設のスケール感や施設相互の関係性についても丁寧な検討がなされている。本提案により、この商店街自体が元来有する個性や魅力をどこまで増幅できるのかという点にはやや課題が伺えるが、一方で日本中の商店街が抱える均一化や空洞化といった問題に対しての親和性が高く、非常に実現性の高い提案と感じられた。

（小林一文）

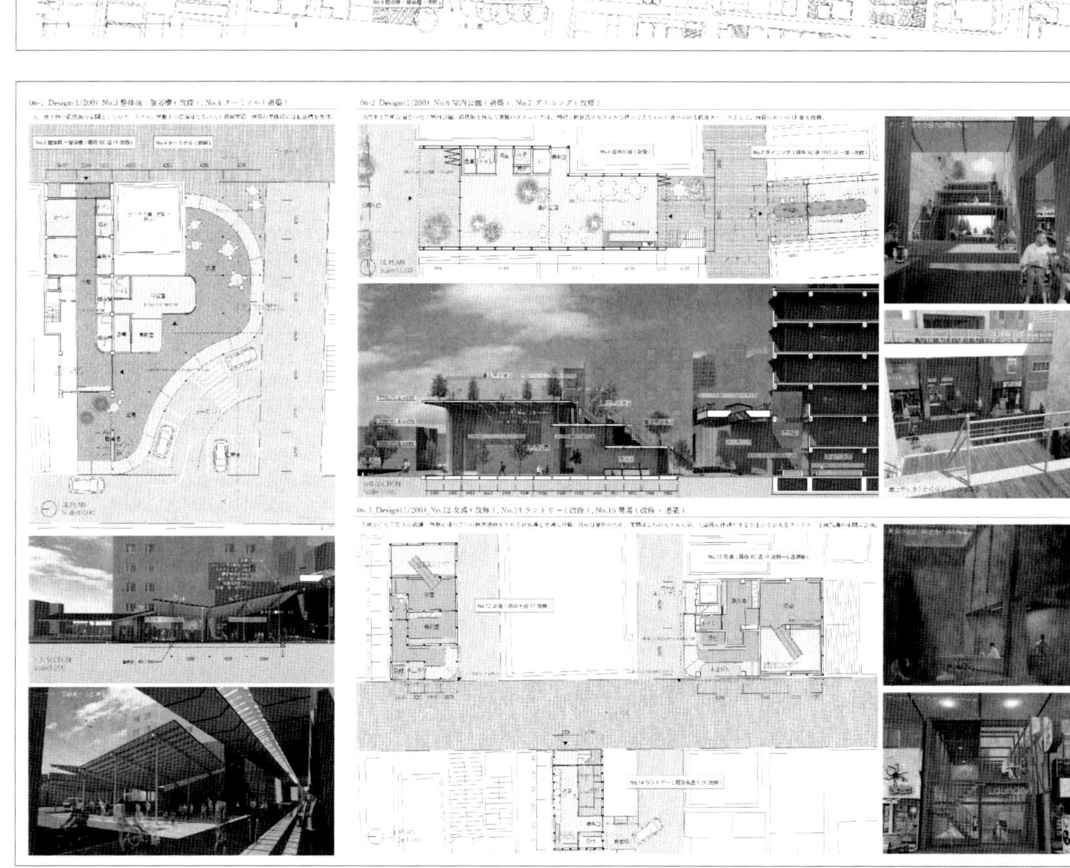

お寺の解き方

石黒翔也　山本拓海
原田秀太郎
早稲田大学

CONCEPT

「死の福祉」を担い、地域の拠り所として機能してきた寺が、空洞化している。
地縁の希薄化や経済的事情により、檀家になれず寺による福祉を享受できない人々がいる。
そこで、不動産の賃貸利用を介した寺との関わりを提案し、仏事と公共サービスを提供する場として寺を再編する。
土塀を用いた寺と都市の境界を設計し、時間と共に寺を開いていく。
余白が生まれる墓地に編み込んでいくようにして、私営公共空間を形成していく。

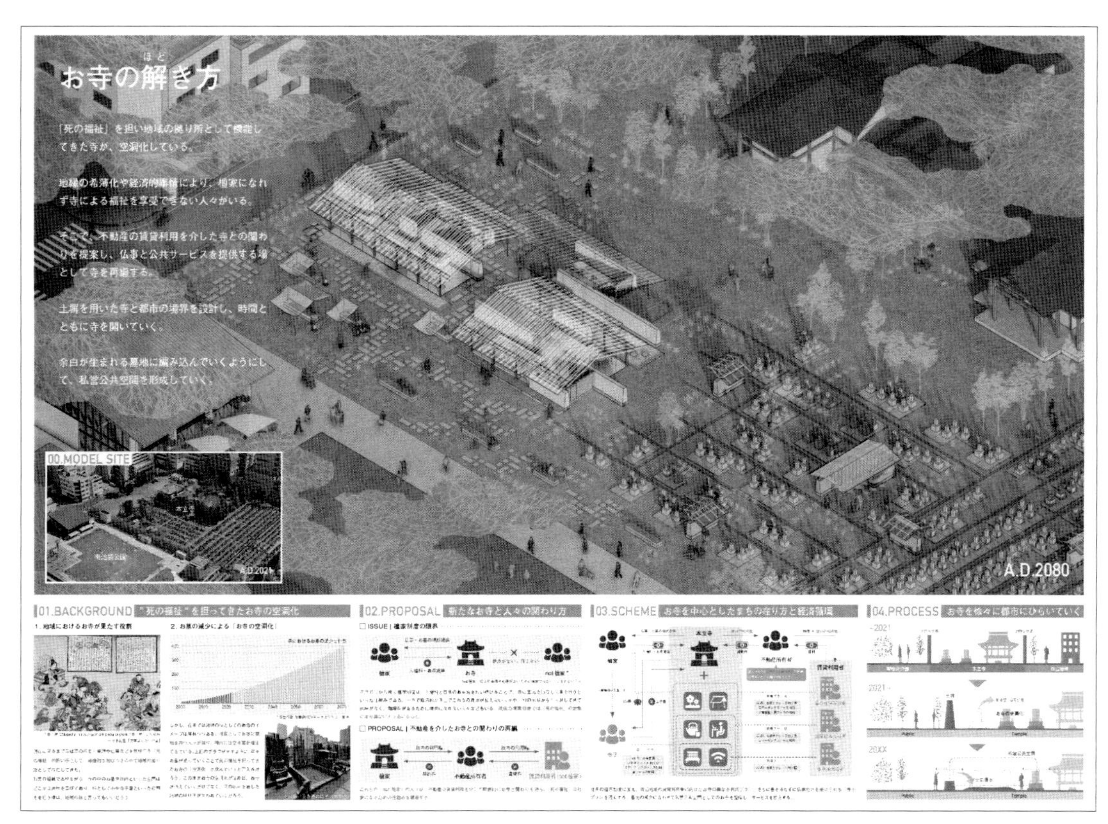

支部講評

従来、地域福祉の核を担ってきた寺社の役割が希薄化していることに対し、その運営システムである檀家制度の見直しと、墓地と都市とのつながり方への提案。境内を「私営公共空間」と捉え、目新しい要素の導入による転換的な取り組みではなく、現在そこに相応しい操作から着手し、年月を経ることで都市との境界を開いていくプロセスには共感できる。寺社との関係性をサービスの享受と経済循環と割り切った位置づけについてはやや生々しさを感じたが、あらゆる都市において画一的でネガティブな景観を形成している墓地の価値観を再定義すると共に、生と死に対する意識や日常との距離感についても新たな一面を提示している。

（小林一文）

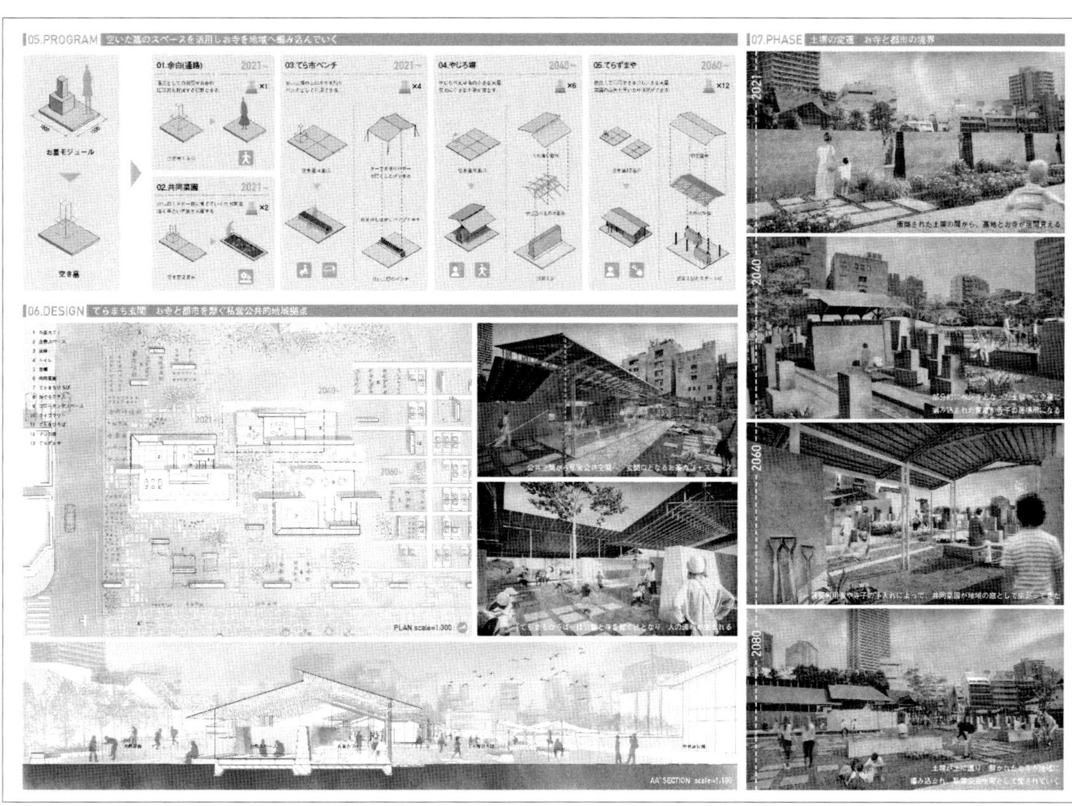

ねこの街、にゃごやかな暮らし。

上野将輝　緑川純麗　秋本凜
塚本千佳　高橋駿太
東京理科大学

CONCEPT

ネコはヒトと近い距離にいる動物だ。彼らは人間社会の中を住みこなして生きている。しかし実は、ヒトの世界の隙間は彼らにとって暮らしにくい世界なのではないか。ネコの世界を広げるきっかけとして「ネコの福祉」を考える。これはネコの生活を豊かにし、色褪せた毎日に彩りを与えるような、そんな提案。

支部講評

何事も“視点を変える”ことは大切である。子ども、お年寄り、ベビーカーや車いすを利用される方々……各々にそれぞれの日常が広がっている。擬人化することで福祉のありようが顕在化する。そして、その客観性こそが、まちづくりの基本であることに気づく。その大切さを、まち中の「ネコ」という“客観的”かつ“主観的にもなりうる”見慣れた存在で表現したセンスを含めて評価した。

（渡辺猛）

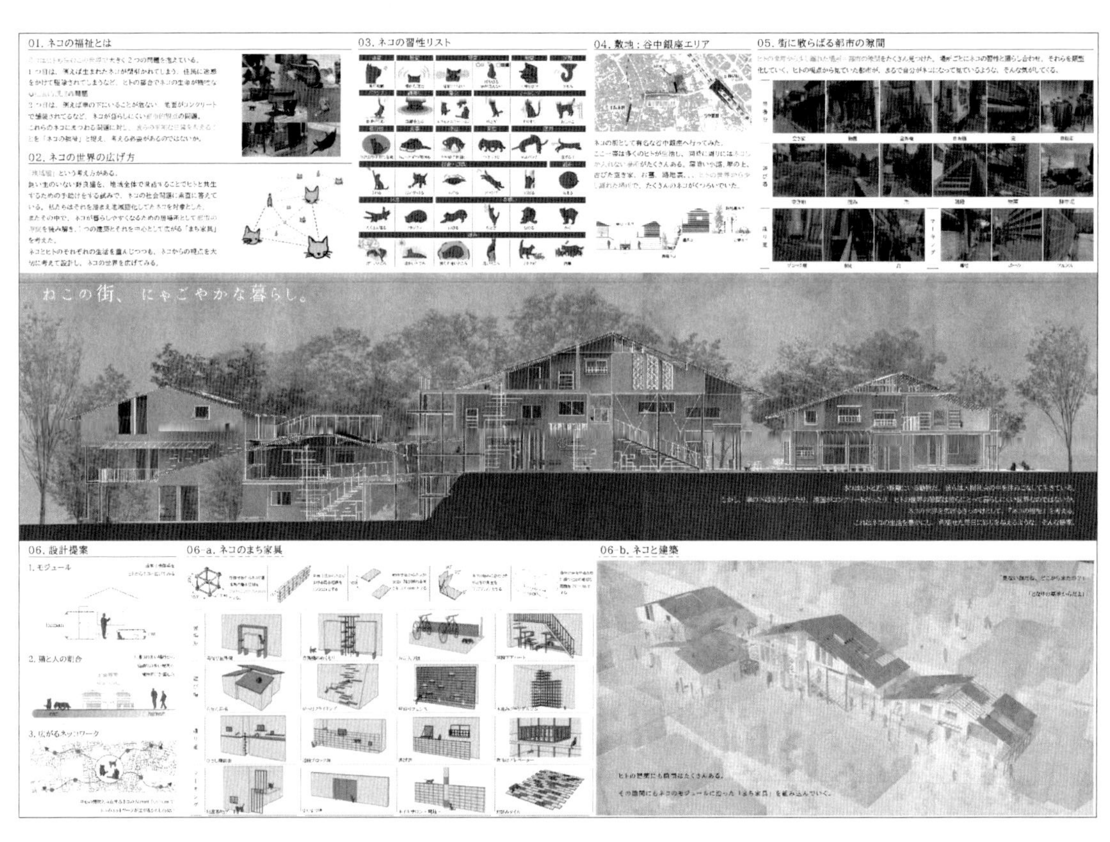

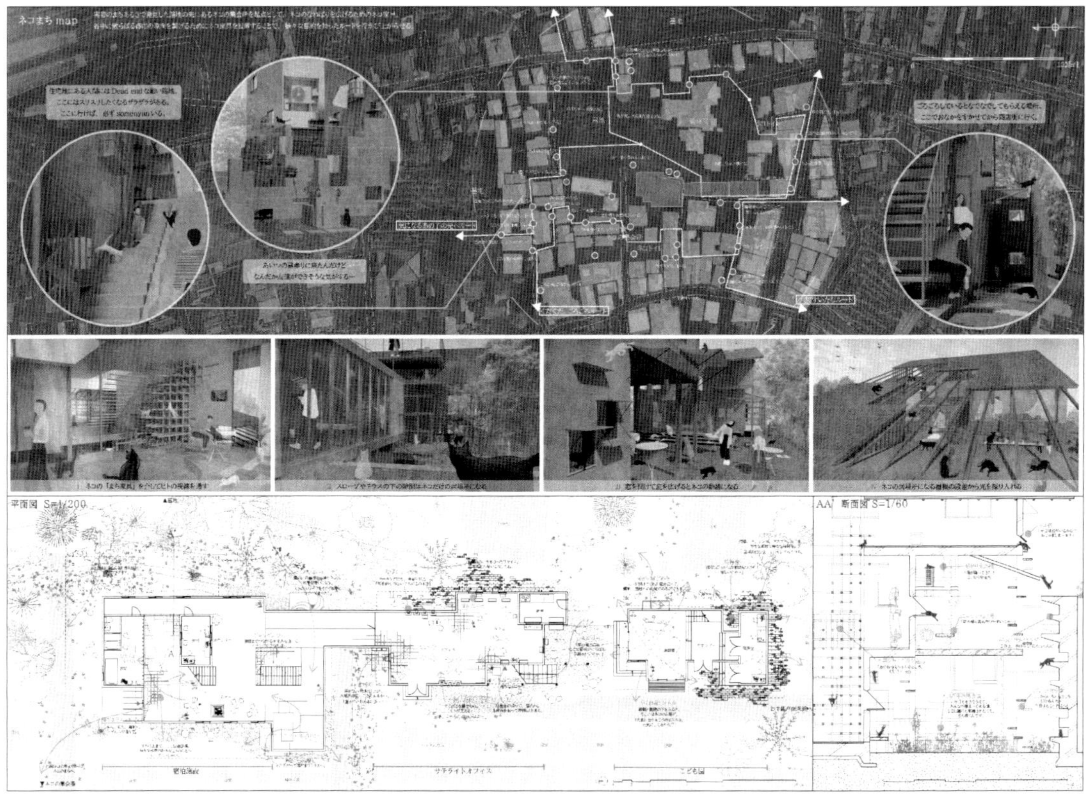

SLOW PLAYs

井本圭亮　濵﨑拳介
伊賀屋幹太
九州大学

CONCEPT

公園・公開空地など公益性の高い空間が多数ある西新宿の特徴を活かし、それらを拠点に車椅子利用者の自由度が高いスタジアムを設計することで競技団体の金銭的な負担を解消した居場所づくりを行う。日常的にオフィスワーカーや住民が憩いの場とするそれらの場所で車椅子スポーツの練習や試合が行われ、車椅子利用者やスポーツ自体への認知を広めると同時に、段状で構成された街がスロープ化し、車椅子利用者に優しいまちづくりを行う。

支部講評

傾斜を利用した移動空間は日常的に利用するが、スロープ（線的）を立体的に網目状（面的）とした土地利用の空間事例は少ないと思う。移動空間の中にヴォイド（土や緑）を含みながらエリアを拡大していったのも周辺環境とつながるランドスケープ的に感じた要因だと思う。この手法は、少し引いて都市のスケールで見ると、一般にコンクリートあるいは芝生で覆われる遊水地をはじめとする土木構築物の新たな形式としても相性がよさそうである。また、今後の展開としては、中心をもたない、敷地形状に歪められた形態も見てみたいと思った。この形式が「街づくりの核」となるためには、些細なアプローチのような日常の移動空間から、今回の非日常のスケールのものまで、いくつかのスケールで応用可能なことが必要かもしれない。そんな大きな展望をも含みこんだ妙案である。

（篠原勲）

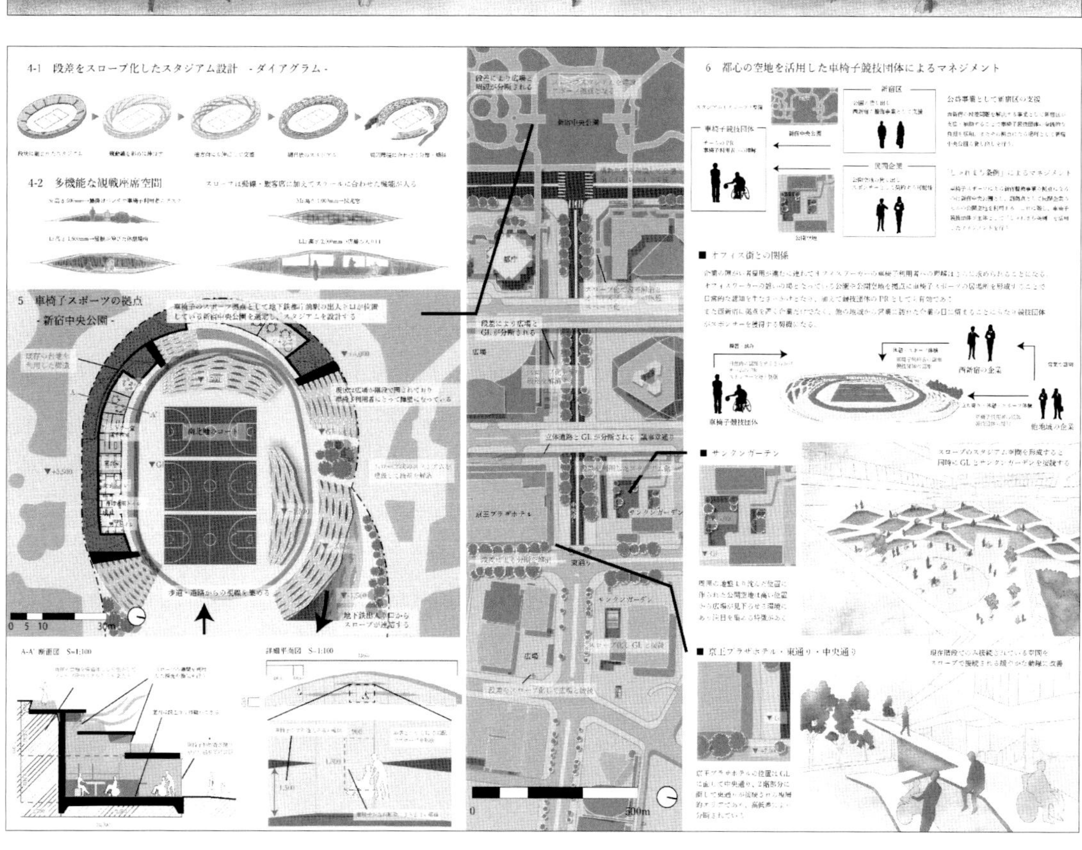

Blooming House

花が介する日常

松本玖留光
早稲田大学

CONCEPT

これからの福祉施設のプロトタイプとして、花を媒介とした就労支援施設を設ける。花農家が多く福祉に力を入れている三鷹の一角で、花を育てて売るという仕事の一環を通して障がい者はそれぞれのポテンシャルを生かした作業を行う。販売・出荷前の花を保管するBlooming Pathではさまざまな人々が行き交い、花に囲まれてくつろぎ、憩いの場となる。衰退しつつある三鷹の花産業と福祉を再興する新しい三鷹の拠点となる。

支部講評

「いかに社会と関わるか」という命題に対して、“見せる（魅せる）ため“の「華やかな福祉」の提案である。この生産性を組み込んだ持続可能な仕組みが、シンプルに“心地よさ“となり、日常に“彩り“を与え、福祉をより身近なものにするのであろう。提案では、その有り様をラーメンフレームという簡素な素材で建築的な領域を与えることで試みている。多様に存在する他の福祉プログラムへの汎用の可能性も含めて評価した。

（渡辺猛）

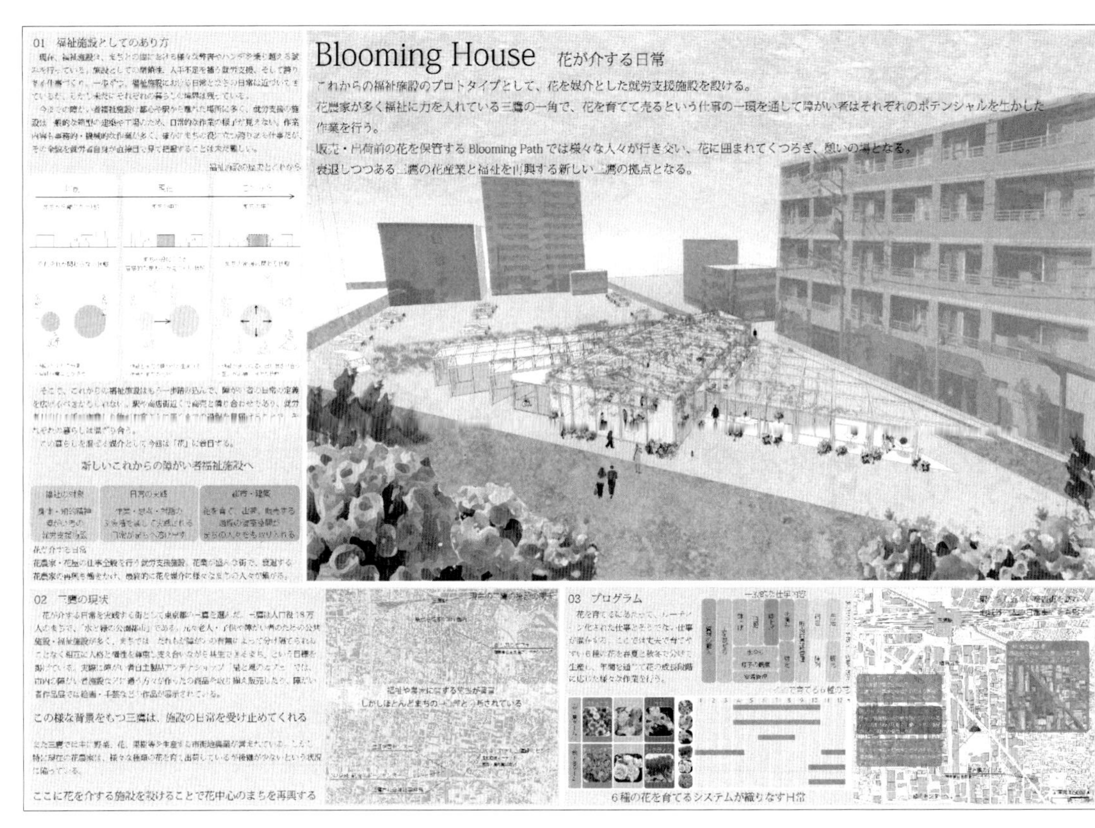

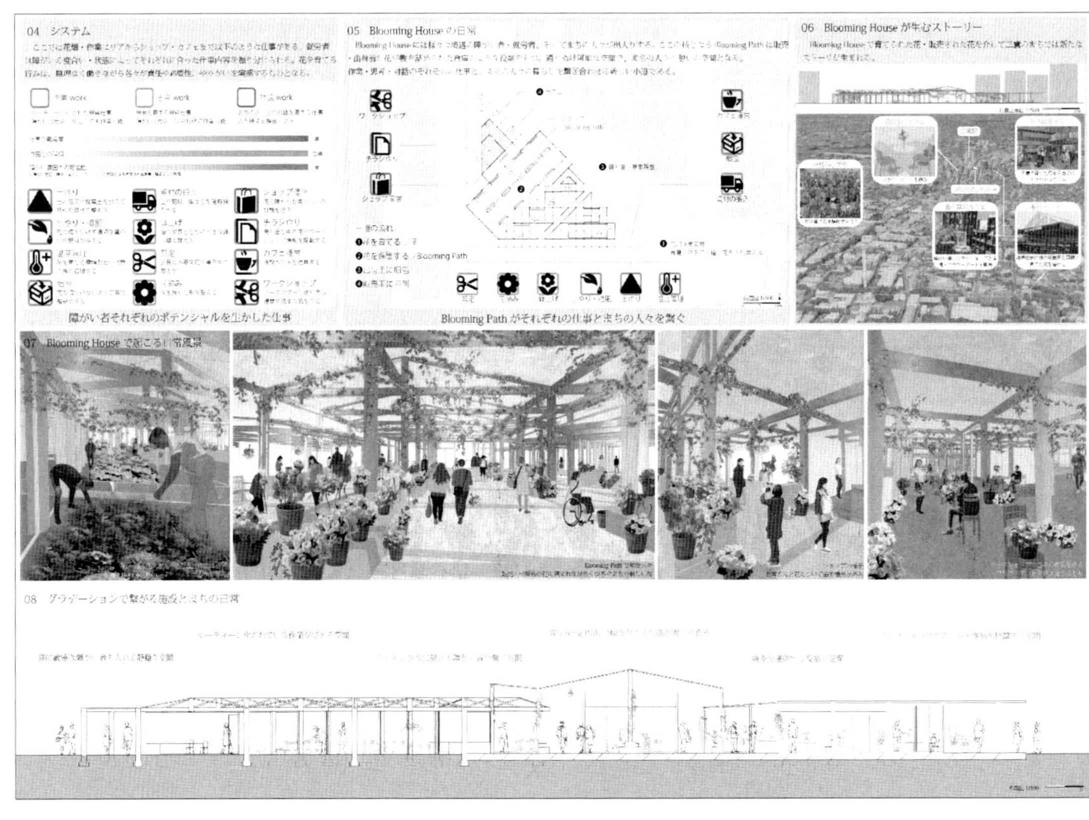

Carers Factory +

町工場から始まる就労支援と介護のその先へ

谷本優斗　井口翔太
林眞太朗　林淳平
神奈川大学

CONCEPT

超高齢化社会に伴い、介護を必要とする人は増え続け、ケアラーのケアが必要な時代が来るだろう。一方で、私たちが計画した東京都の大田区では、まちを形成してきた町工場が衰退の一途を辿っている。町工場の問題は、超高齢化社会の課題が原因でもある。そこで、町工場の課題と地域にとっての福祉の課題を循環的に取り組むことで、福祉と産業が地域の核となるまちづくりを計画する。

支部講評

建物再利用案の中で、敷地と現状建物のスケールや想定用途の設定にバランスの取れた案だと思う。既存の大きな空間を保持しつつ、内外関わらず適宜ヒューマンスケールを与えていく手法には既視感を感じるが、新たに加えたボリュームがGL部分に必要な単位空間をつくり出し、作業場・ケア・集会場などの大らかさと繊細さを束ねたと考えると、正当な手立てとも感じる。ところで、ストーリーを感じさせる大きな大らかな既存架構と、GL部分の新たなヒューマンスケール・木の表情は、人間の居場所にとって優れたものであることは否定しないが、大きな鉄骨のメンバーに対して木が構造的に弱いため、木の部分が装飾以上のものになり得るのか、という疑問もある。そのあたりは個人的にももっと考えたい課題でもある。

（篠原勲）

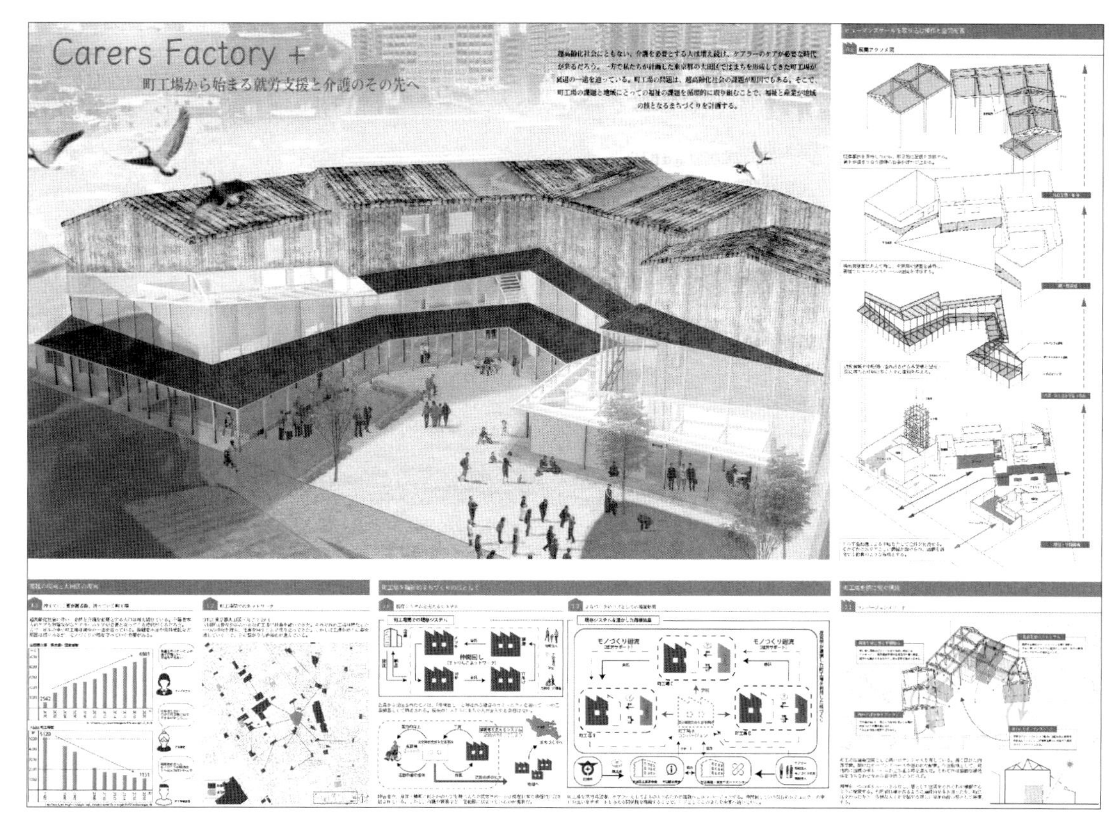

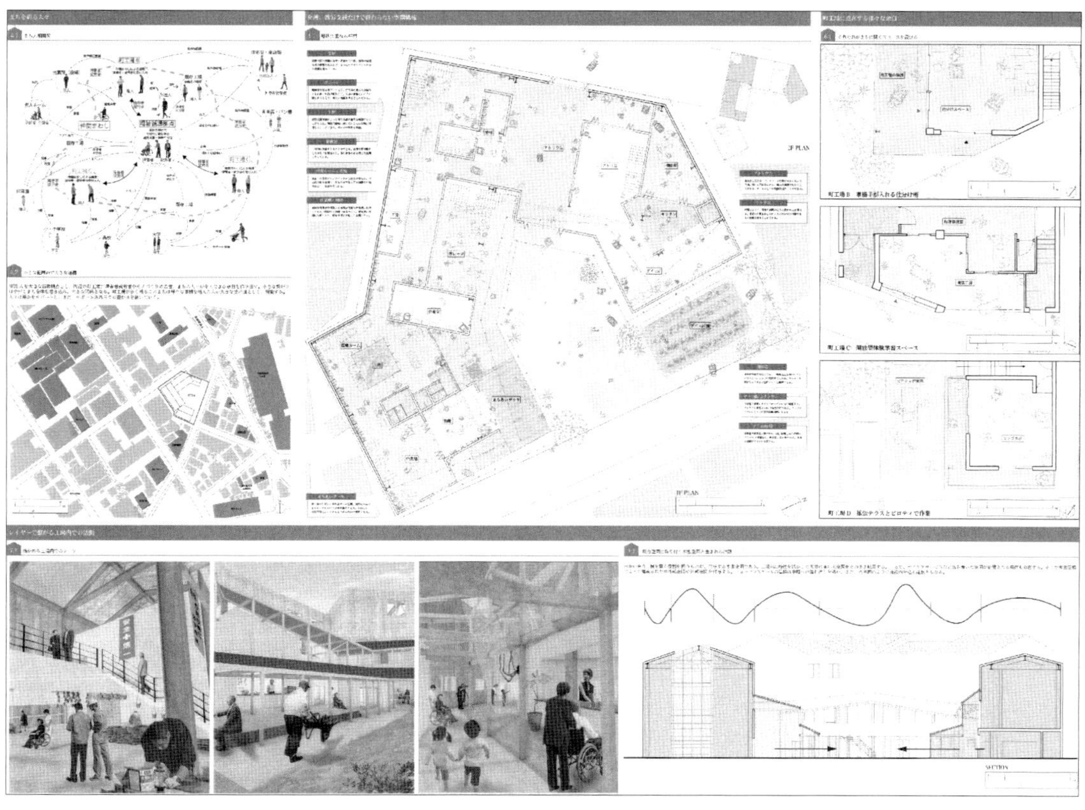

ささやかなバリアフリーが紡ぐ未来

原裕貴　林稜梧
村上凜貴　内田翔太
名城大学

CONCEPT

建築物のバリアフリー化が義務づけられ進行しているが、住宅のバリアフリー化は規則や規格に合わせた人が不在の取り組みになっているように感じる。バリアフリーの本来の形は決して大掛かりなものではなく、生活の中で感じるちょっとした不満を解消することではないだろうか。些細なバリアフリーが周囲との関係をもつ場を生み出し、年老いても活動を支えてくれる。そして、できた場はそれ以降も引き継がれ、街を活かしていく。

支部講評

ハード頼みな「バリアフリー」への対応の現状を、その在り方から問い直し、街の人各々が自分のペースでまちづくりに関与できる仕組みとその具体案を提示している。敷地境界内に一定の離隔をもって立ち並ぶ産業化住宅で構成される新興住宅地。これらの境界をまたぐ様に施される住民の手仕事と利他的意識が、建築「物」としてまちに顕在化する。地方都市郊外でごく一般的な住宅地が、その地域らしい風景を獲得していく。これらがまちづくりの核であり続けるためのアイデアをさらに重ねてみたい。既存の福祉施設を街と「ささやかなバリアフリー」でつないでいくようなこともできそうだ。関わる人が発想を巡らす余地と発展性をもつ提案である。

（塩田有紀）

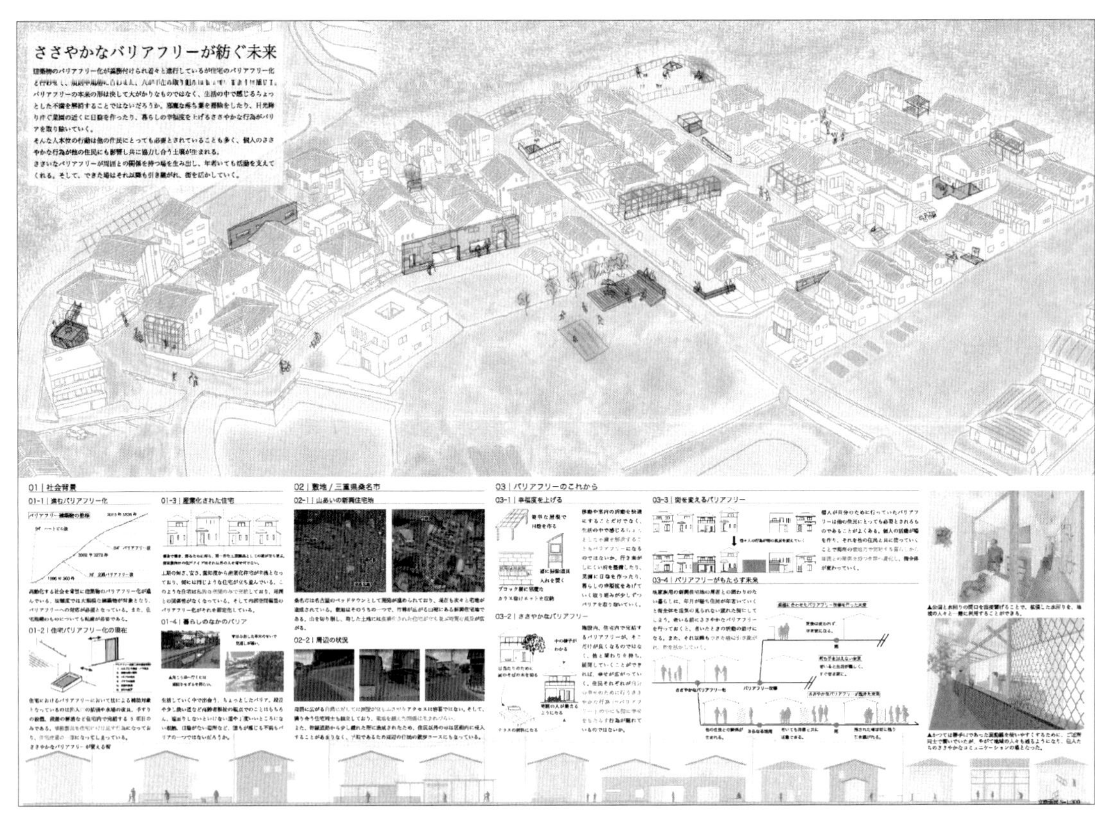

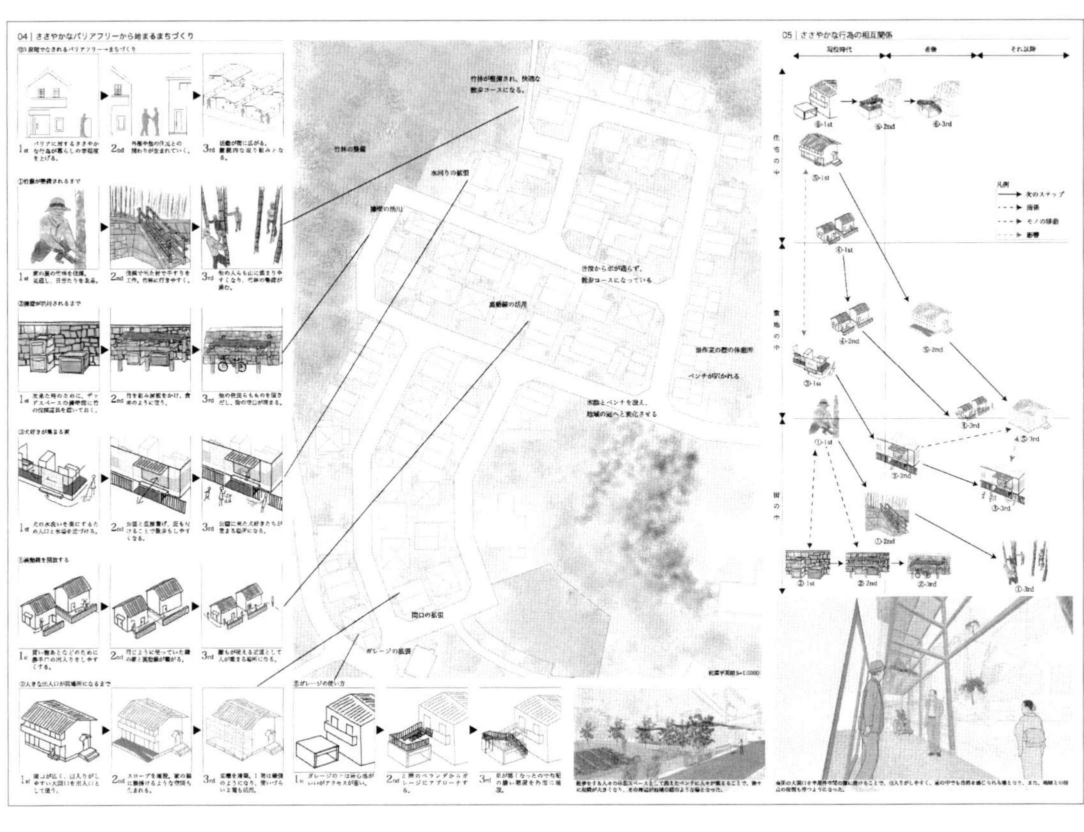

支部入選

塔と暮らすまち

瀧澤幹人
中島宏徳 *
千葉大学　三重大学 *

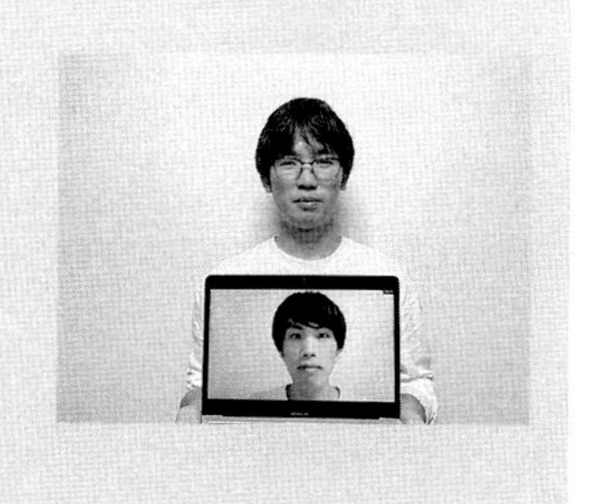

CONCEPT

人口減少の著しい地方都市では、人と人とのつながりが希薄化しつつある。また、敷地である三重県尾鷲市は、南海トラフ地震による津波が来るとされているが、津波避難場所は日常生活では使われない場所となっている。本計画は、地域の暮らしを守り、地域の未来の希望を育む居場所となる小さな保健室と津波避難タワーを組み合わせることで、小さな保健室をもった塔は日常の居場所となり、まちの人を守る受け皿となる。

支部講評

地震による津波被害が予測される三重県尾鷲市において、子育てと高齢者介護への対策といったもう一つの地域の課題を引き受け、津波避難タワーと小さな保健室をハイブリッドさせた積層する塔状の建築を提案している。防災と福祉、日常と非日常、建築と土木、依頼と提供、個人とコミュニティ、点在と融合、強固さと素早さ、マッスとヴォイド、といった一見相反する機能や概念を共存させ、その間に相互補完の関係を構築することで、各々の特徴が増強されると同時に、それに閉じない開かれた状況がつくり出され、地域のネットワークをつなぐハブを提供している。また、それらの複合要素をバランスのとれた美しい造形として統合していることも高く評価できる。

（米澤隆）

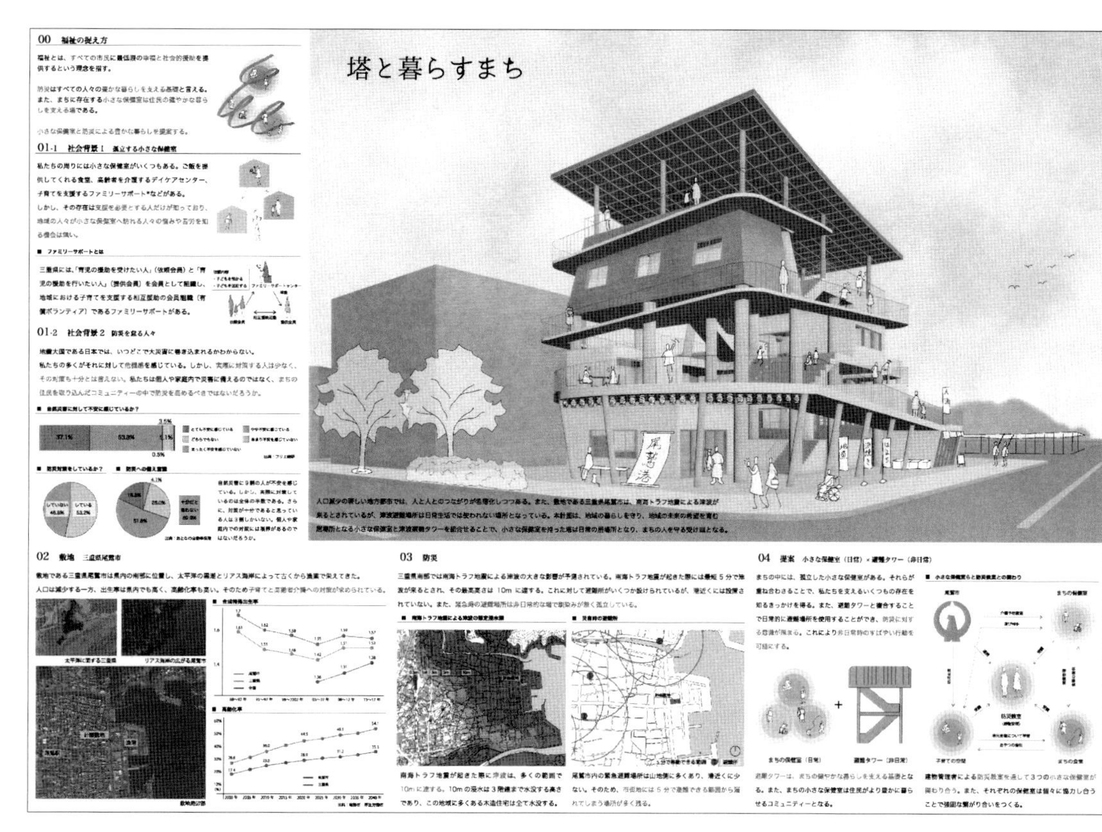

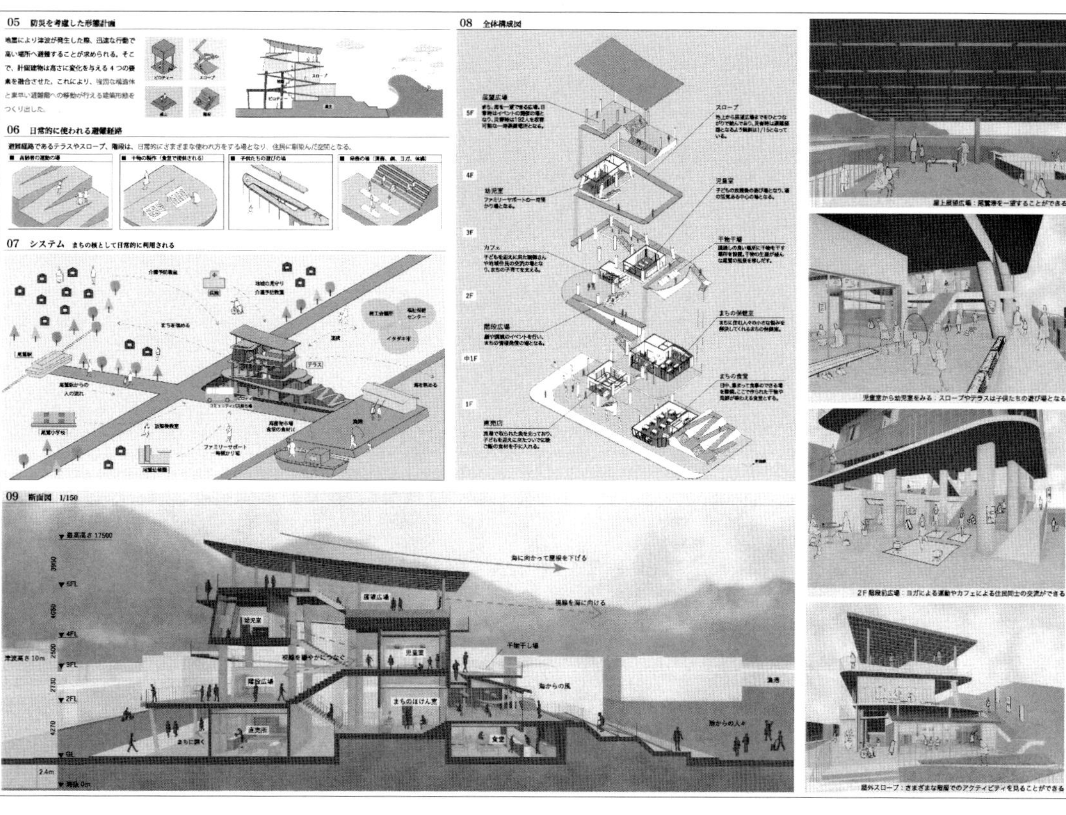

暮らしを頒かつ井筒の湯
―都心部の住宅地における銭湯と福祉施設の再構築―

中村茉生　友定稜太
中西杏樹　濱口優介
名古屋大学

CONCEPT

街中に点在するデイサービスを銭湯と複合させ、健常者と要介護者が日常的に共存し、交流できる空間を提案する。健常者と要介護者の日常生活から共通する行為を抽出し、行為に応じたプログラムをチューブに割り当て、井形に組むことで各機能は独立しながらも、内外を経由し建物全体をめぐる動線と多様な外部空間が生まれる。散りばめられた銭湯が核となり、健常者と要介護者が共存するまちを形成していくだろう。

支部講評

デイサービスと銭湯を掛けあわせることで、閉ざされた福祉施設を開き、社会的弱者の日常に健常者が入り込むという関係性を構想している。健常者と要介護者のそれぞれの行為を抽出し、それぞれに共通するものを手掛かりとしてプログラムをオーバーラップさせることで、キャラクターの異なる４つのチューブを作成し、それらを井形に組む。そのことで、重なりが平面的つながり・断面的つながりをつくり、ズレが軒下空間やテラスといった中間領域を生み出し、独立性と連続性を併せもつ建築空間ができている。かつての銭湯がコミュニティの場であったように、建築の構成を考案することで、福祉を地域に開く戦略を提示しているといえる。

（米澤隆）

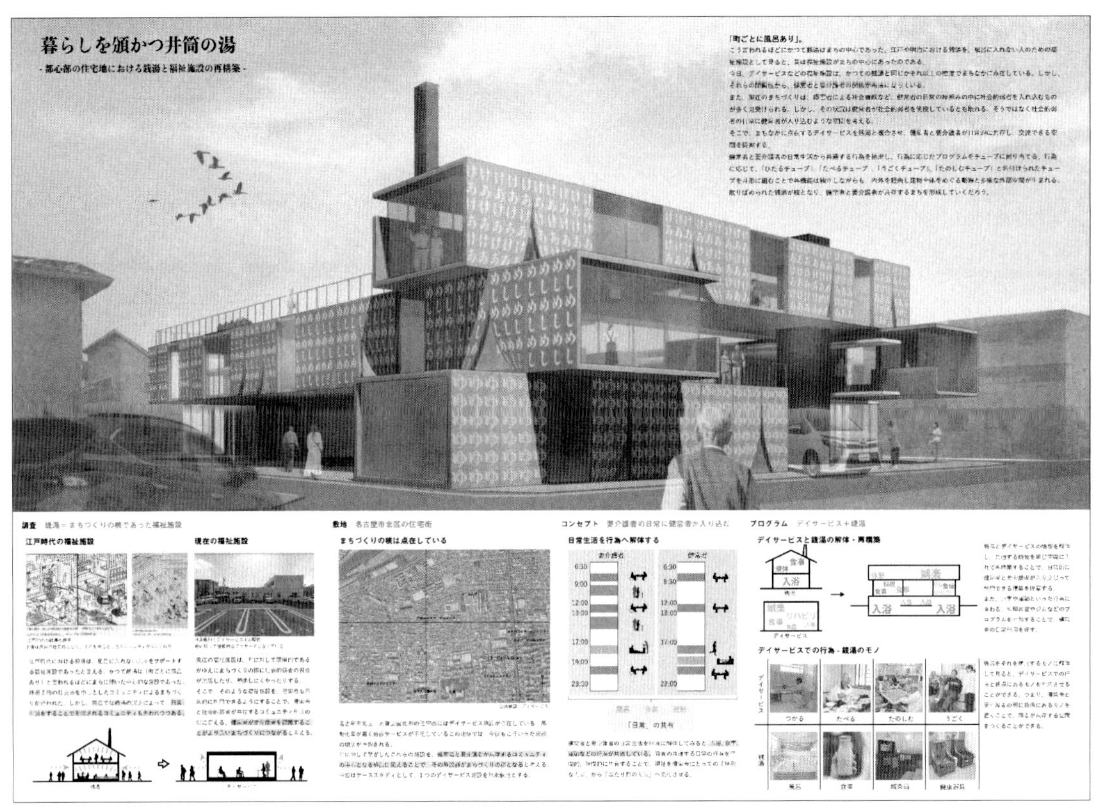

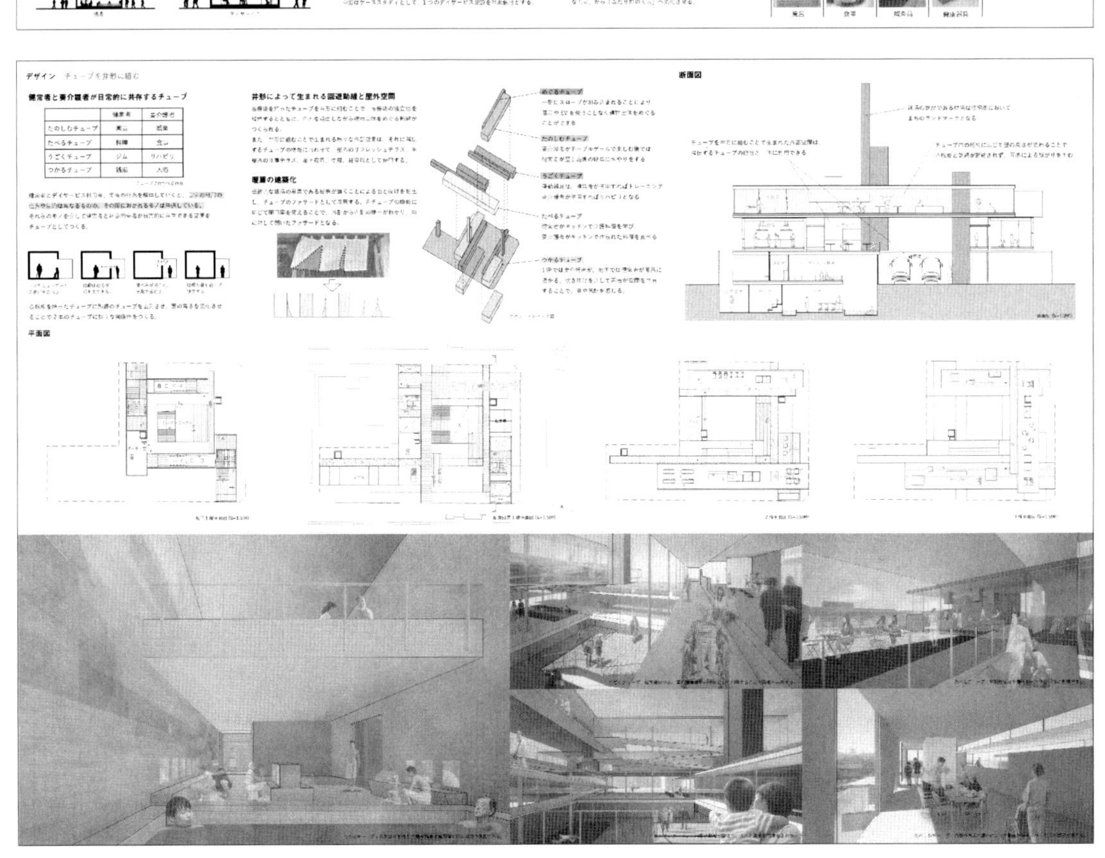

滲む景
～福祉の視点と共に考える復興住宅の新たなあり方～

園山遥穂　上甲勇之介
小久保美波
早稲田大学

CONCEPT

「福祉=日常の幸せ・豊かさ」と考え、福祉のまちづくりは「日常的に幸せを育めること」が重要であると捉えた。精神的ダメージを受けた人が暮らす復興住宅こそ福祉の視点を含めて設計すべきであると考え、南海トラフ地震で浸水被害が予測される静岡県入間集落を対象に事前復興住宅を設計する。住民がまちについて考える一助となり、幸せを育めるような、震災を積極的に捉える事前復興住宅の新たな在り方を提案する。

支部講評

震災によって当たり前の「日常」が突如奪われる。避けがたき状況に対して、ここでは復興住宅を震災前に計画することで「日常」の脇に震災がある。住み慣れた街が被災し復興住宅に住まざるを得ない状況と、被災前に新たな街を用意している状況では、住人の精神的影響は、はるかに異なる。速度が求められる従来の復興計画では難しかったいくつかの課題も、住民自らが考案する街づくりや、コミュニティの活性化・再構築、風景の保存、祭りや赤瓦といった文化の継承が「日常」の中で行われる。想定されている不遇の状況を転換し、変わらぬ「日常」を守ることも、新たな街づくり、人の心を救う福祉として、可能性を感じる。

（佐々木勝敏）

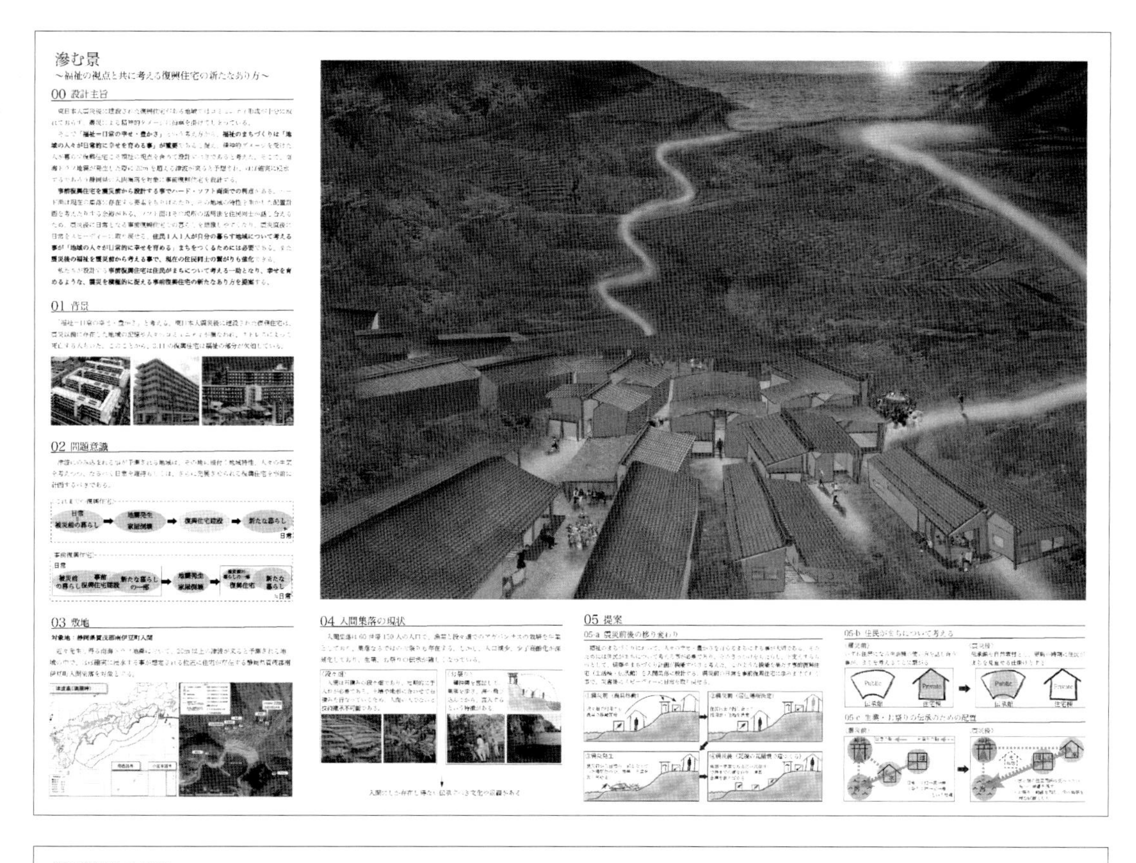

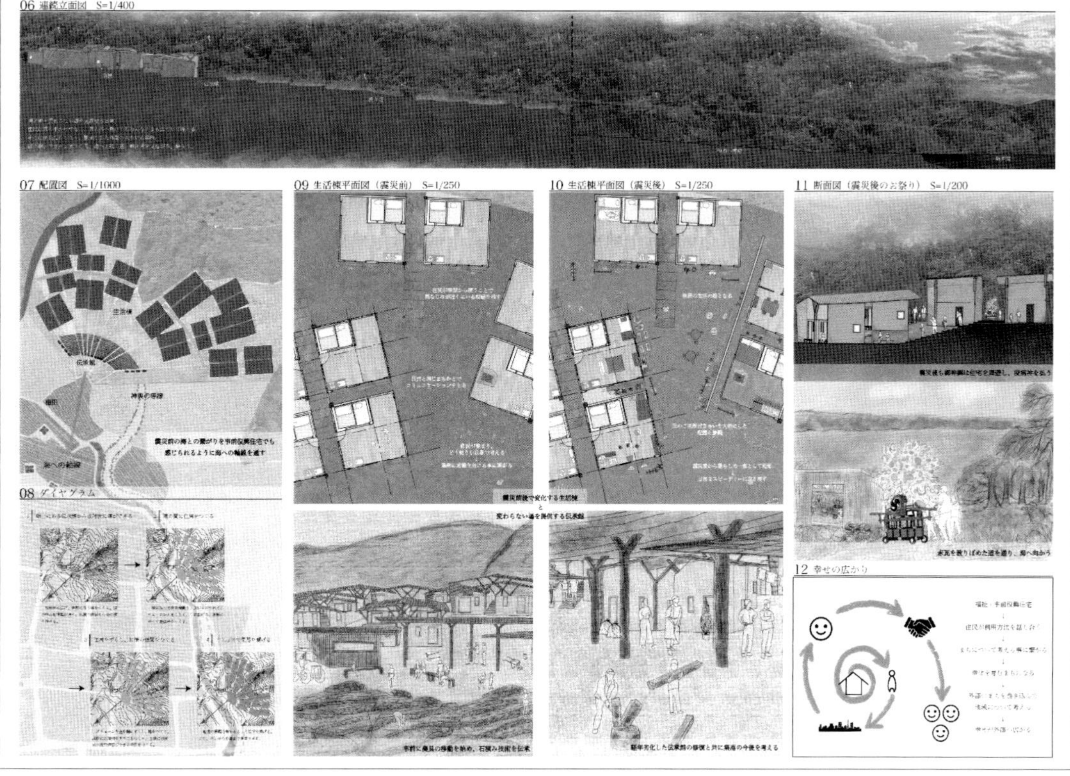

支部入選

境界を揺らぐ纏いの衣
―伝福連携による重なり合う日常―

横田勇樹
勝満智子
名古屋大学

CONCEPT

本提案では、就労支援施設の新たな在り方を提案する。施設内では、かつて街の核であった和紙作りを就労のメインとしておく。人々の関係性が希薄化した敷地において住人同士の日常から多様な行為が絡み合う可変の空間を付加する。製造される和紙は、施設利用者が自ら考え、施設内の木造躯体に対して取り付けることで可変的な空間を生み出す。就労と憩いの場の曖昧な境界は、街に開きながら独自的な魅力をもち始め、街の人々を繋げる核となる。

支部講評

精神障がい者のための就労支援施設の不足、美濃和紙の担い手不足、街中の集会施設の減少という美濃市の現況·課題に対して、「障がい者が和紙をつくる」を街の核に据えて、就労継続支援の活性、和紙のプロダクト・ライフサイクル戦略、住民の拠り所の回復、観光客の文化体験を高次元で融合する社会福祉施設の秀作である。街中の不整形地に三方へ路地を延ばし、かつオープン外構としてつながる場を形成し、「街の余白」を称する可変空間を設け、その空間を施設利用者が和紙を用いてセルフビルドすることで生きられた場とすることを目論んでいる。生産の様子が垣間見えるボリューム構成、和紙の物質的特質の改良と空間活用など設計は全体、細部にわたる。

（夏目欣昇）

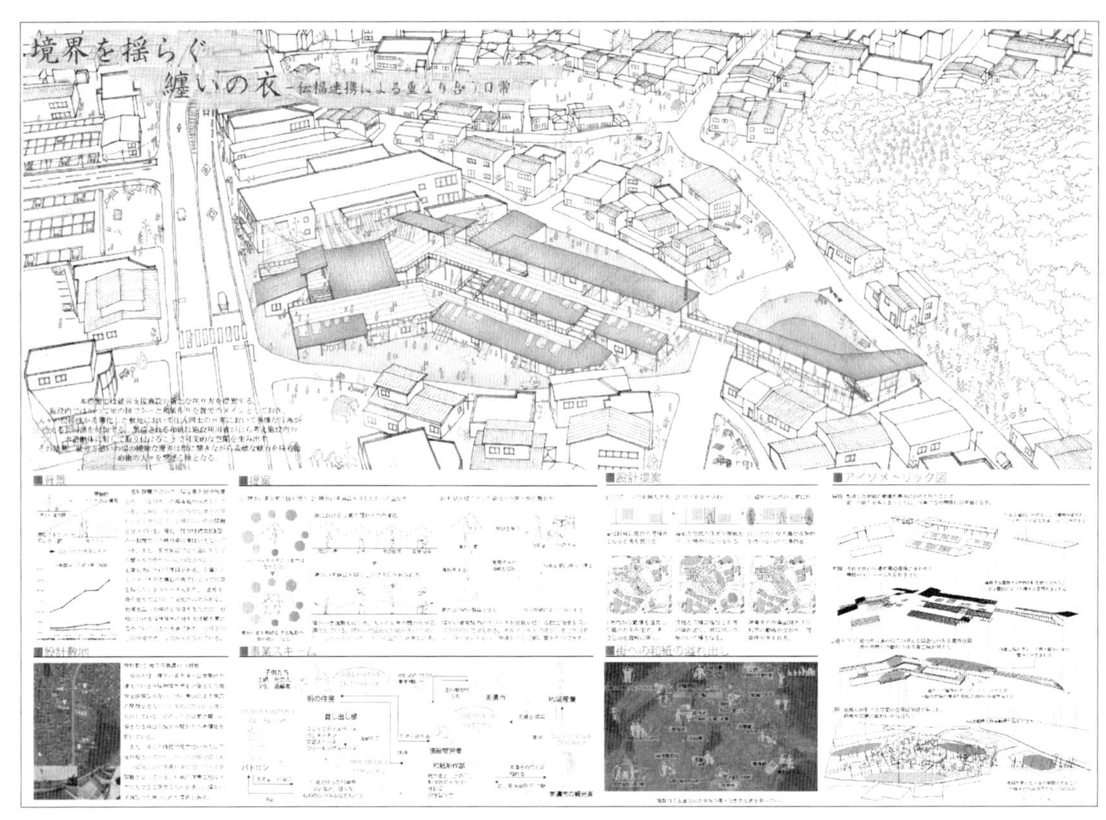

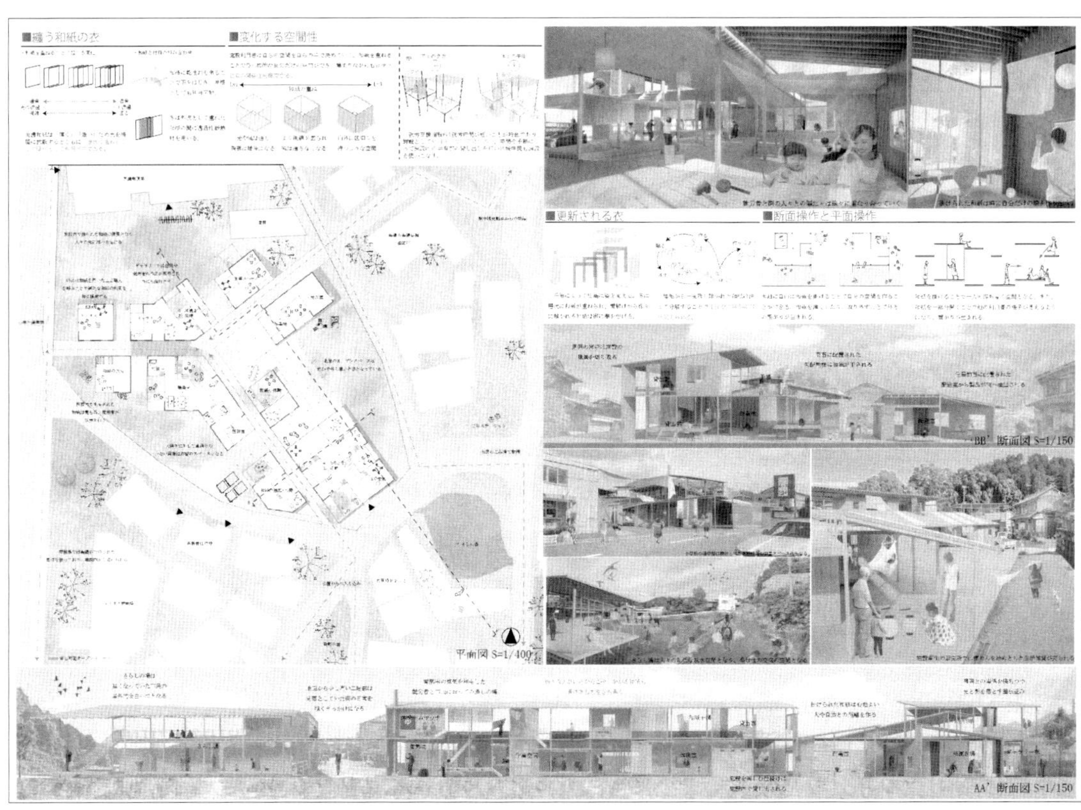

教えの庭
―団地センター地区再興―

井野雄太
藤本奈々
名古屋大学

CONCEPT

本設計では、多世代交流、多国籍交流を目的とした第二の学校＝"教えの庭"を提案する。瀬戸市南部に位置する菱野団地センター地区を敷地とし、高齢者、子ども、外国人居住者の三者が互いに助け合い、学び合うような場所を設計した。デイサービスや児童図書館、イベントを行える多目的スペースなどの内部空間が地形や周囲の自然に呼応した形状の大屋根で緩やかに連続していく。中心にオープンスペースを設け、外部での交流を促す。

支部講評

築後52年が経過している計画的ニュータウンの再興であり、団地センター地区の改修により団地の再生および地域拠点の形成を目指したものである。衰退した団地のセンター地区という「場所性」を踏まえた提案であり、街の核になり得るポテンシャルを活かし、新たな機能（児童図書館、食堂、デイサービス、多目的室、サービスセンター等）を導入している。既存ニュータウン3区画からの動線から導き出される形態など、閉ざされたセンター地区の空間を周辺に開くデザインとする造形的な空間構成などを展開した秀作である。導入された機能に、新しいニュータウンとなるための新しい機能（Society 5.0対応等）など将来を見据えた提案があるとより魅力的な提案となるか。

（小野寺一成）

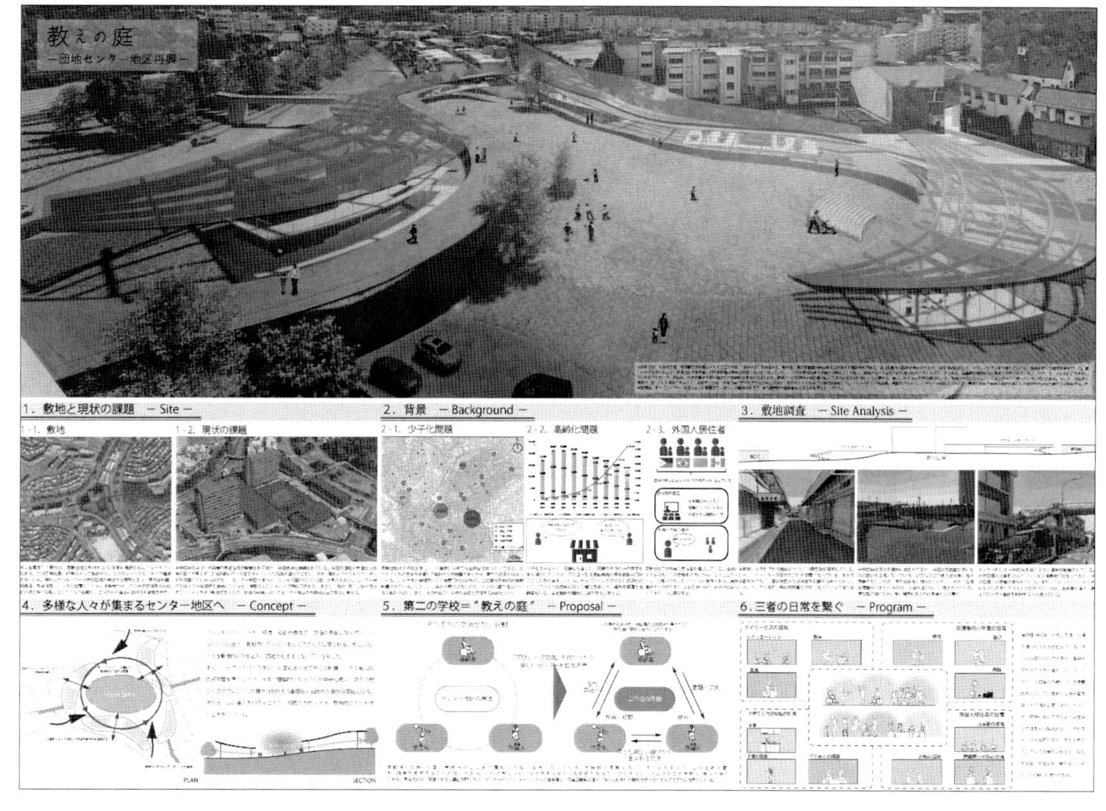

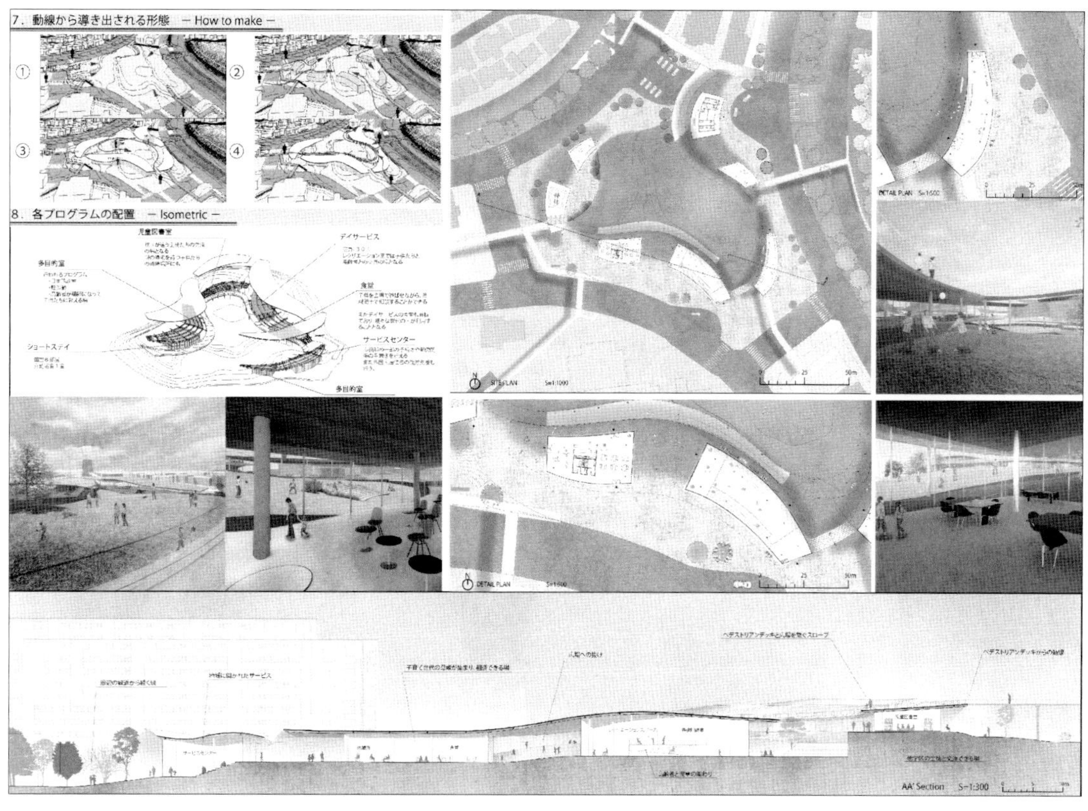

Slow architecture

平沢圭祐　秋吉海治
村木駿斗　小村龍平
東京理科大学

CONCEPT

年齢を重ねるほど体は老いるが、知識は培われ続けるという人間の特徴に着目し、その伝承行為が街の核となる高齢者施設を提案した。
祭りを組み込んだ提案は、経験豊富な高齢者の祭りの準備期間での活躍を促し、介護され続ける受動的な日常を能動的な日常へと転換させる。
そして、街と一緒にじっくり祭りを作り上げるプログラムは、「機械的に素早く」という現代主流の考えに対しても問いかける。

支部講評

本作品は、高齢者から若い世代への知識と伝統の継承を目指している。「外に開きすぎない、内に閉じすぎない」という高齢者施設と地域住民との関わりへの優しいまなざしをもって、部分の集合を街の空間として伸びやかにまとめるように、波形の大きな屋根が全体をつないでいる。それらの空間が、高齢者と街の時間にあわせて、ゆっくりと成長するように考える姿勢と高齢者と祭りをつないで空間化させようとする努力が高く評価された。

（西村伸也）

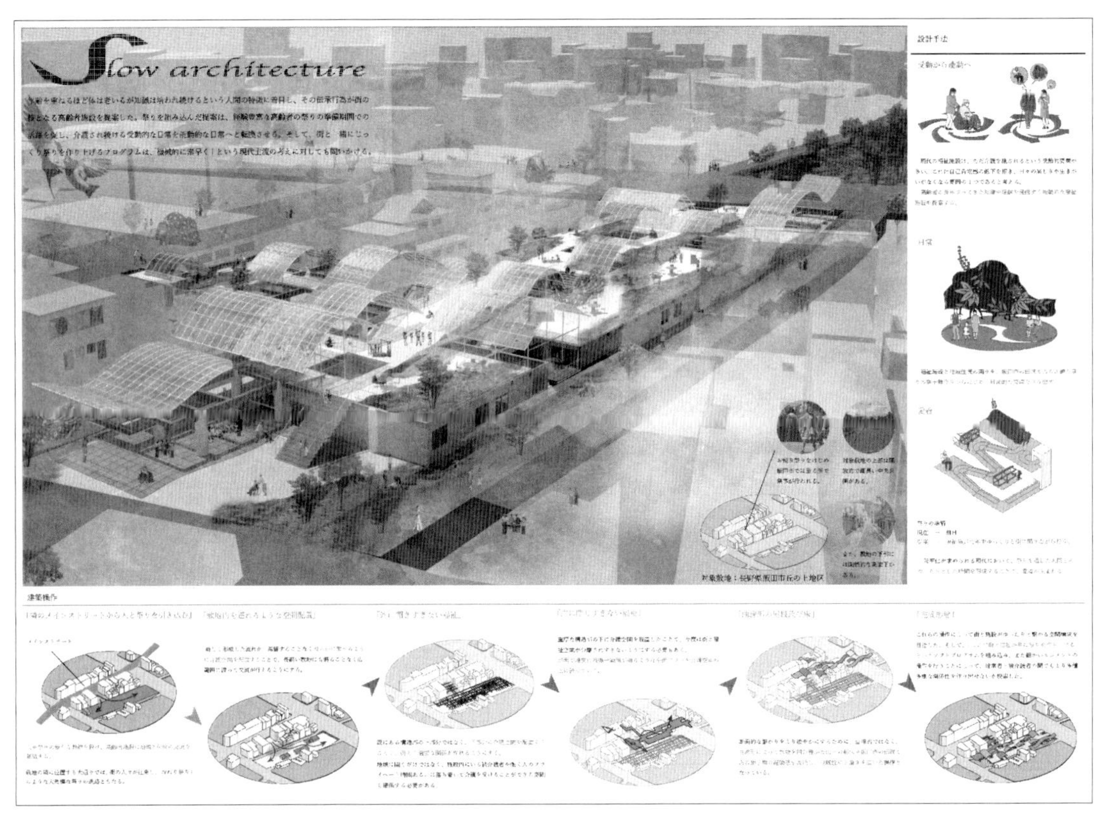

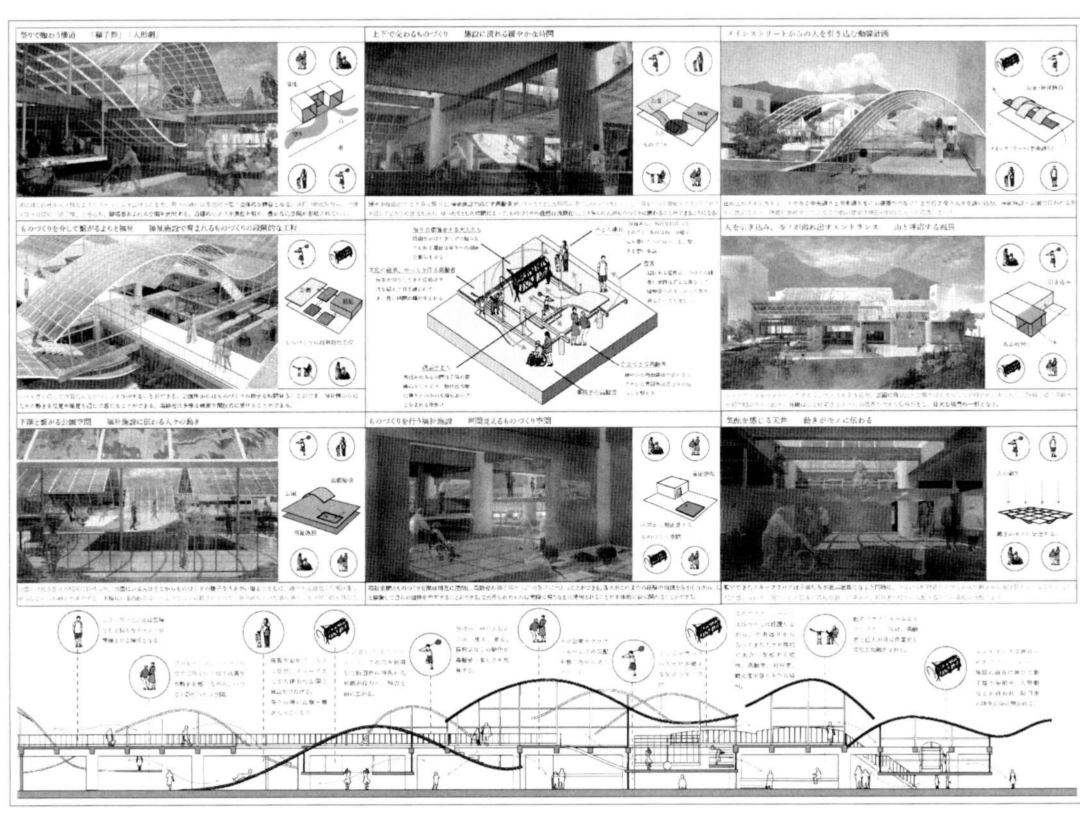

湯けむりに集まり

小林颯汰
坂爪拓未
新潟大学

CONCEPT

高齢化が進む地方都市において、高齢者が施設へ行くことにより、周辺住民同士のつながりが薄れていく。
本計画では、高齢者福祉の通所系サービスと銭湯の機能をもつ施設を提案する。
周辺住民の社交場として機能する銭湯は、多世代から利用され、通所系サービスと融合することで利用者同士のコミュニティが生まれる。さらに、朝市や祭りといった居住福祉、周辺住民を巻き込むことで、まち全体が福祉の場となっていく。

支部講評

本計画は、新潟県上越市の港町において、かつて社交場となっていた銭湯機能と高齢者福祉の通所系サービス機能とを融合させた施設を構想し、朝市や祭礼といった伝統行事、海洋保全活動とも連動させた地域づくりを提案するものである。「湯けむりに集まり」という表題が語るように、銭湯機能を中心に据えながら、施設の計画や造形をまとめており、敷地を貫く動線に沿って、日常と非日常が交錯するヒューマンスケールの豊かな風景を描き出している。既存の街区や町並みとの関係に対する提案に物足りなさを感じるものの、地域に根ざした問題や資源を捉えて建築的な提案へと至った適切なスケール感を高く評価したい。

（梅干野成央）

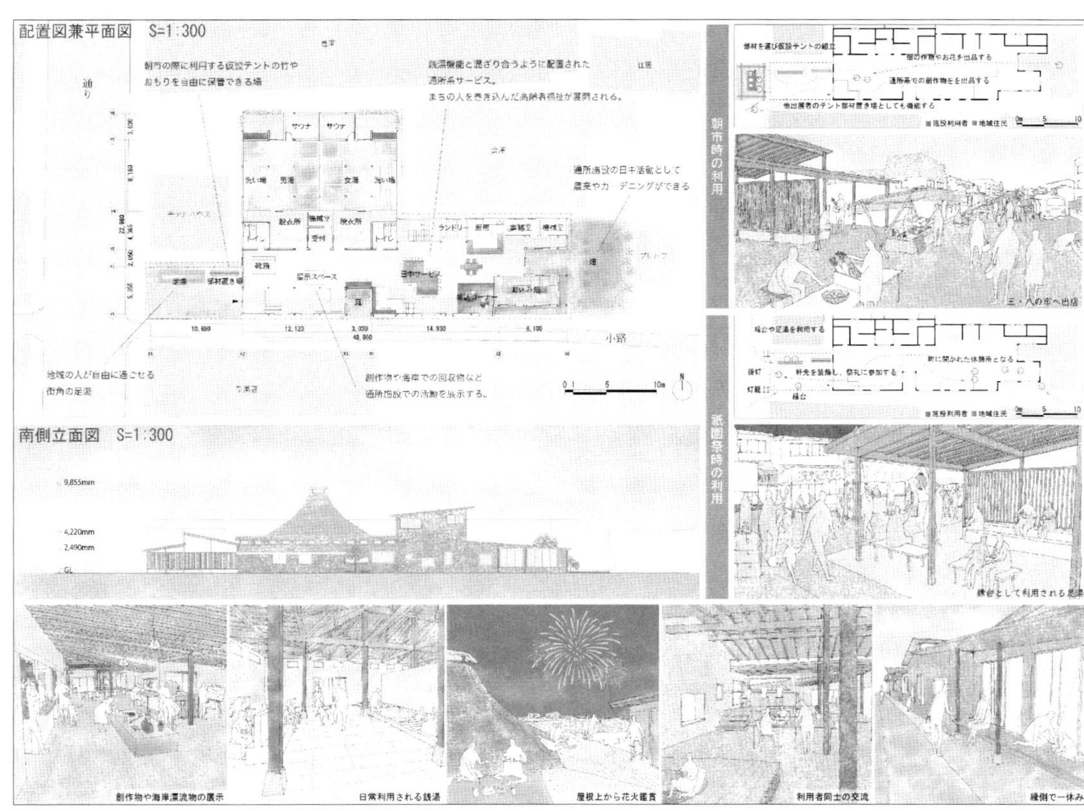

支部入選

赴くままに動く街

糸岡未来　田中優衣
宮西夏里武
信州大学

CONCEPT

福祉へ先進的な取り組みを行っている石川県輪島市だが、一方でその集約的な福祉は現場への負担を増大させ、伝統的な居住区の過疎化、ひいてはまち全体の衰退を導いている側面もある。そこで輪島市で自動車に代わる新たな移動手段として注目されている小型モビリティを媒体として、街に巡らされたカートだけが入り込める小路での、住民・観光客の「移動」によって生まれる生活の延長としての共助関係＝福祉の街を提案する。

支部講評

小型モビリティの活用による新交通システムの取り組みが行われている石川県輪島市において、高齢者の移動、空き家対策、伝統的な朝市の展開に踏み込んだ提案である。高齢者の移動を促し孤立化を防ぎ、中核施設と結ぶ持続的なネットワークの提案や、充電施設の設置場所の検討等による、小型モビリティを動かす動機の創造がある。もう片方に小型モビリティ（ゴルフカート）が駐停車している姿を輪島の伝統的景観と一体化し、古材素材の使用による記憶や愛着の持続を促す「カスタム」化の提案がある。取り残され孤立化を防ぐべく、また移動手段の現実的な必要性と向き合って、意匠化した提案であることを評価する。

（清水俊貴）

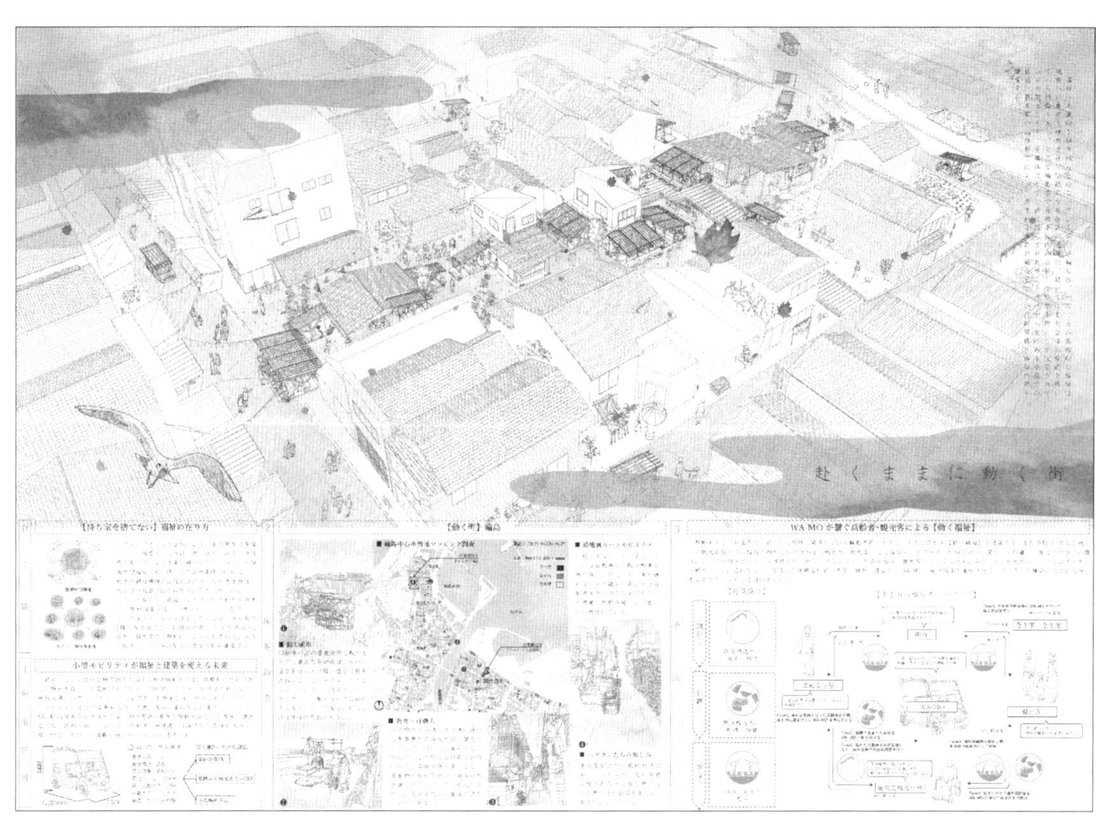

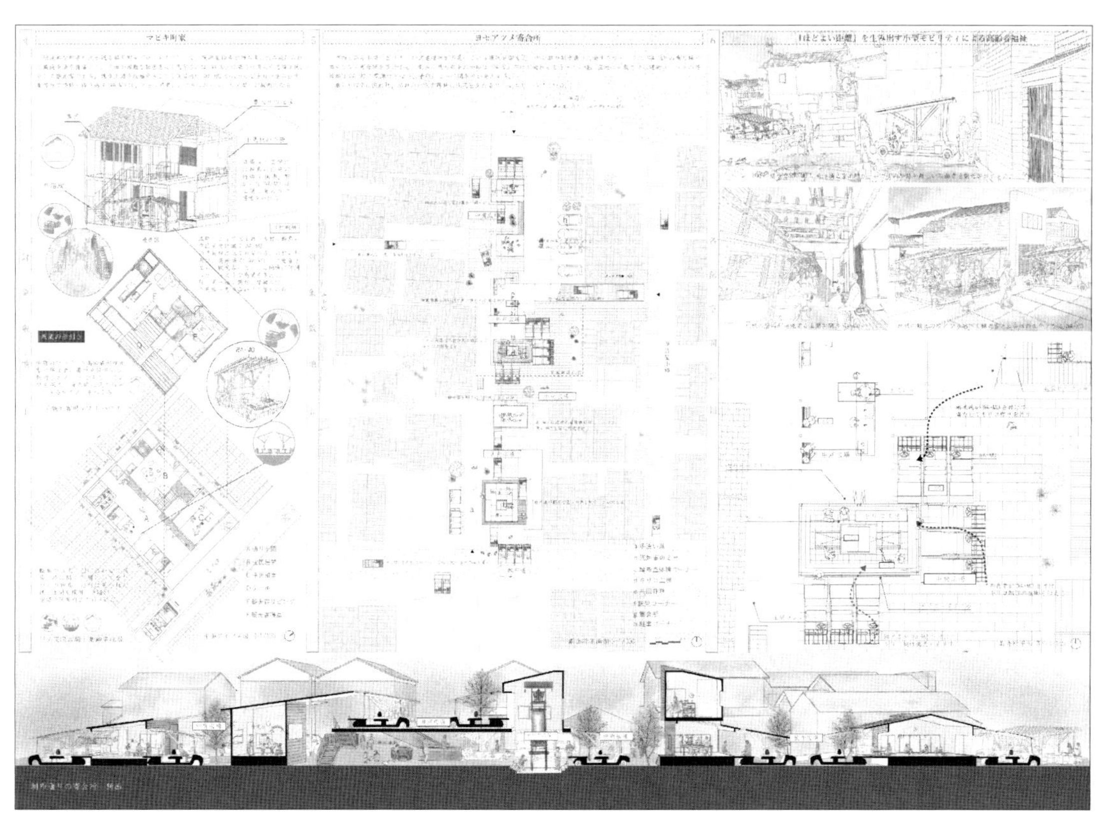

ずっと暮らし続けられるまちの築き方

今野琢音
酒向正都
信州大学

CONCEPT

「わたしたちのやりたいこと」を出発点として、そこから派生するさまざまな活動に着目し、それらを下支えする空間の設計を行う。足がかりとして選んだ「農園」から、わたしたちの即物的な活動はまちに巻き込まれることによって、人々へと開かれ長期的に継続するものへと変化することで、空間に紐づけられた関係性が生まれる。その関係性によって互いに「見守り見守られる状況」が形成され、ずっと暮らし続けられるまちをつくる。

支部講評

本作品において福祉とは、やりがいある活動を自ら発見し、実現する過程で、他者の「やりたい」という想いを見守り合う関係を築くことである、と捉えられている。関わる人によって無数に派生しうる予測不可能な活動を、空間としてどのように受け止めるのか、その手法が提示された。具体的には、複数の敷地が統合された大規模な区画に、公共的な性質をもつ余白が細やかに埋め込まれ、多様な活動を段階的に受け入れる器としてデザインされた。予測不可能性を包容する時間軸と、これを下支えするおおらかな空間のデザインは、多様な人々を巻き込み、福祉がまちへと展開していく可能性を予感させる。

(菅野圭祐)

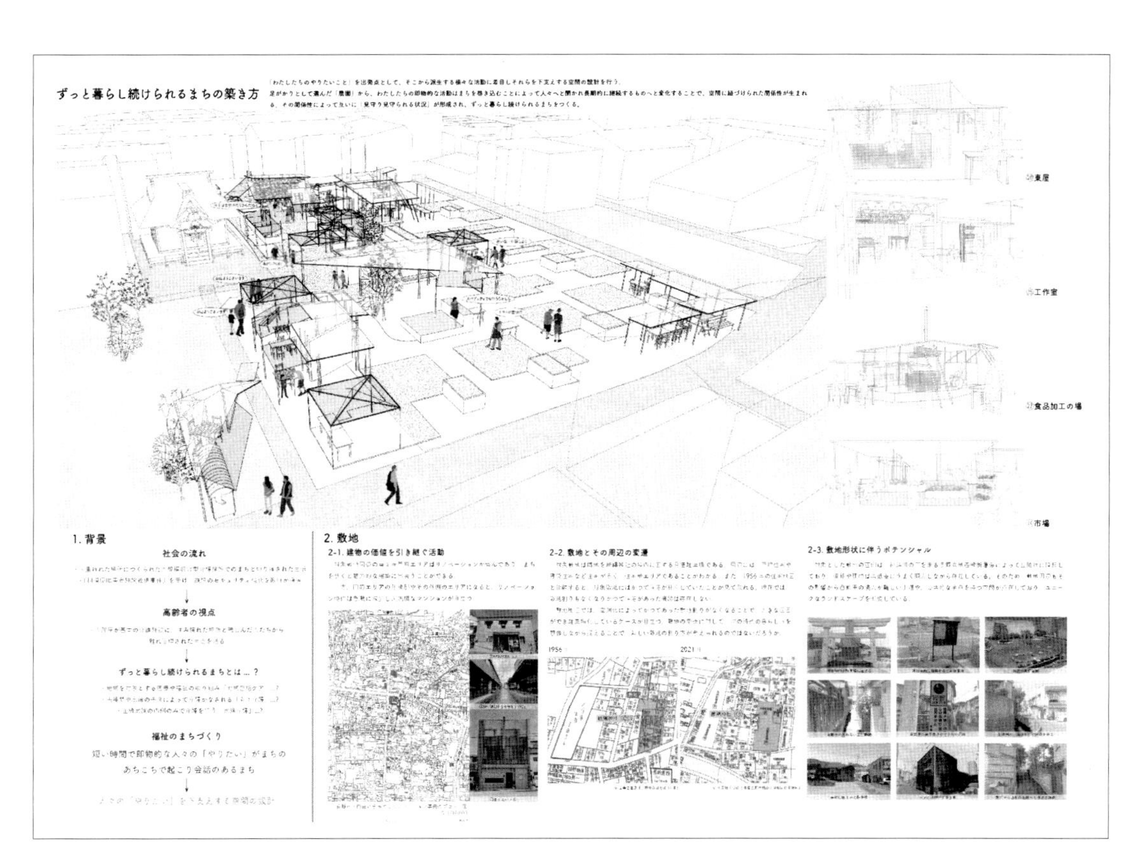

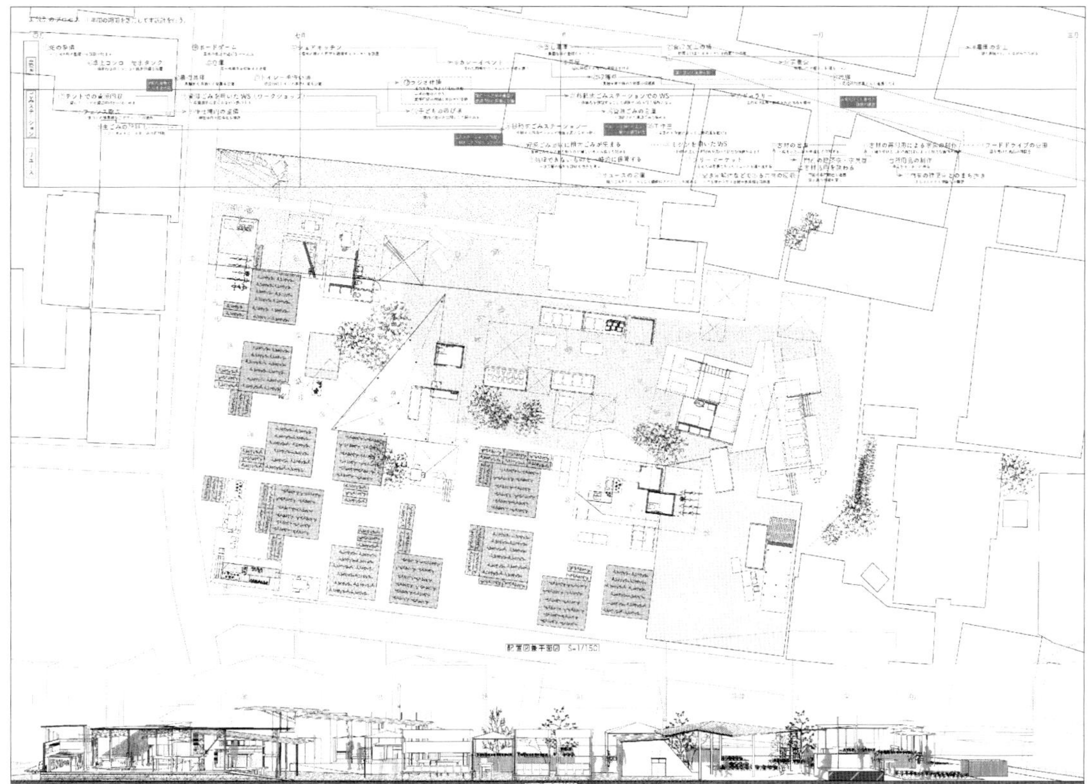

奉仕ノ杜

－「鎮守の杜」を介した氏子的共同体による福祉再考－

山口真奈美　中本昂佑　足立優太　林晃希
高永賢也　牟礼花恵　川村泰雅　上田彬人
大阪工業大学

CONCEPT

初詣参拝客数が毎年200万人を超え、地域外にも氏子が存在する住吉大社には、かつて膨大な自然があり「鎮守の杜」として①神社への奉仕②自然への奉仕③生活の奉仕という3つの奉仕的関係があった。そのような3つの奉仕に、住人の生活や観光に依存し希薄化した伝統行事を巻き込むことで、地域全体で氏子的共同体が根付く街へと再編していき、それらの「奉仕」によって生まれる助け合いの関係性から街全体の福祉の関係性を再構築する。

支部講評

かつては神社を中心に街づくりが行われ、氏子意識に培われた奉仕が相互扶助的な助け合いを育むことで街全体に福祉の関係性が構築されていた。「鎮守の社」の維持が奉仕の苗床であることに着目し、大阪の住吉大社とその周辺地区に新たな氏子的共同体の展開と福祉の再生を意図している。密度の高い美しいプレゼンテーションにより、各々の場所性が季節とそれに伴う年間行事という時間軸で人々の奉仕を生き生きと描き出し、さながら絵巻のごとく見事である。総じて形態としての建築が希薄になっていることは少し残念な気もするが、作者の意図する「鎮守の杜」は器としての建物ではなく、むしろ氏子的共同体のための界隈性の領域化により発現されるものかもしれない。

（奥田英雄）

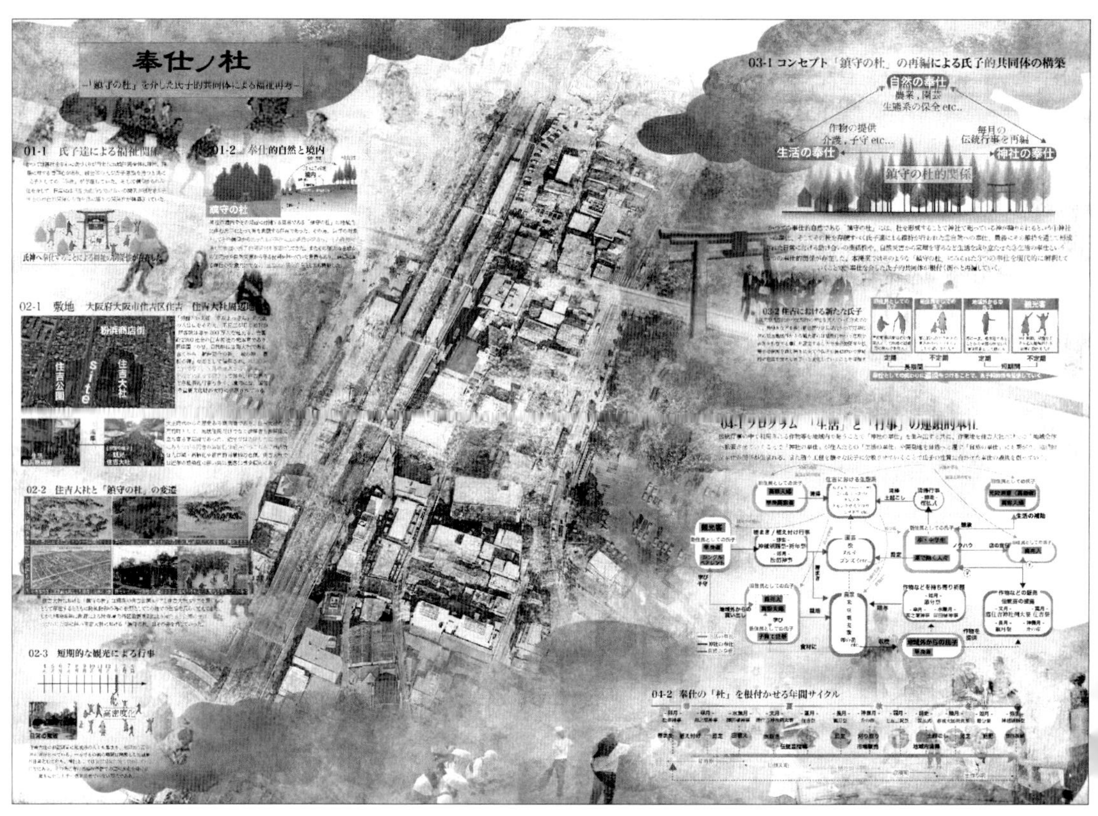

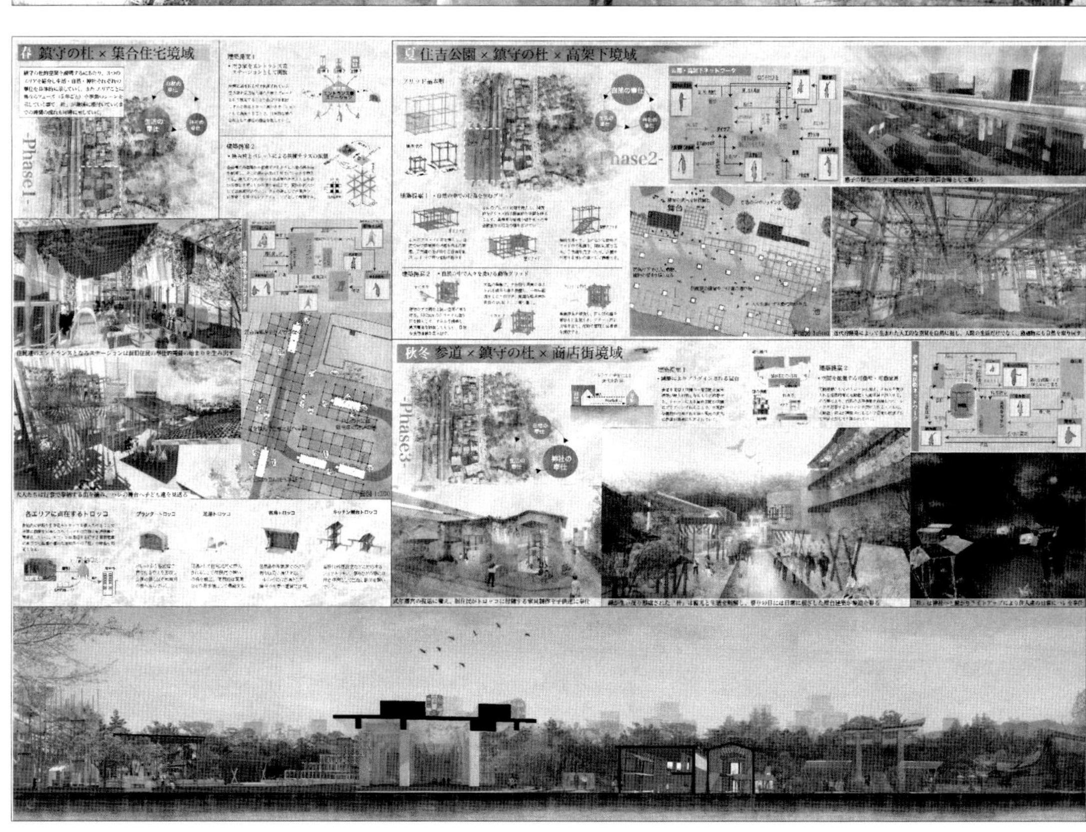

ヨセアツメ

次世代交通インフラと創る共笑都市

古角虎之介　福田晃平
小山田駿志　高橋朋
日本大学

CONCEPT

みんなが一緒に笑う、笑える環境にいる、そんな風景が見えた時、そこには日常において相互の存在を認識し、尊重しあえる社会に繋がる解が見えてくる。健常者視点の社会福祉活動や対象者にもつ認識は一方通行で誤認が含まれる。それに対して両者が対面し、隣り合って笑いあう、相互認識から始まるまちづくりには全ての人が共通理解というものを携えて風景に現れてくる。

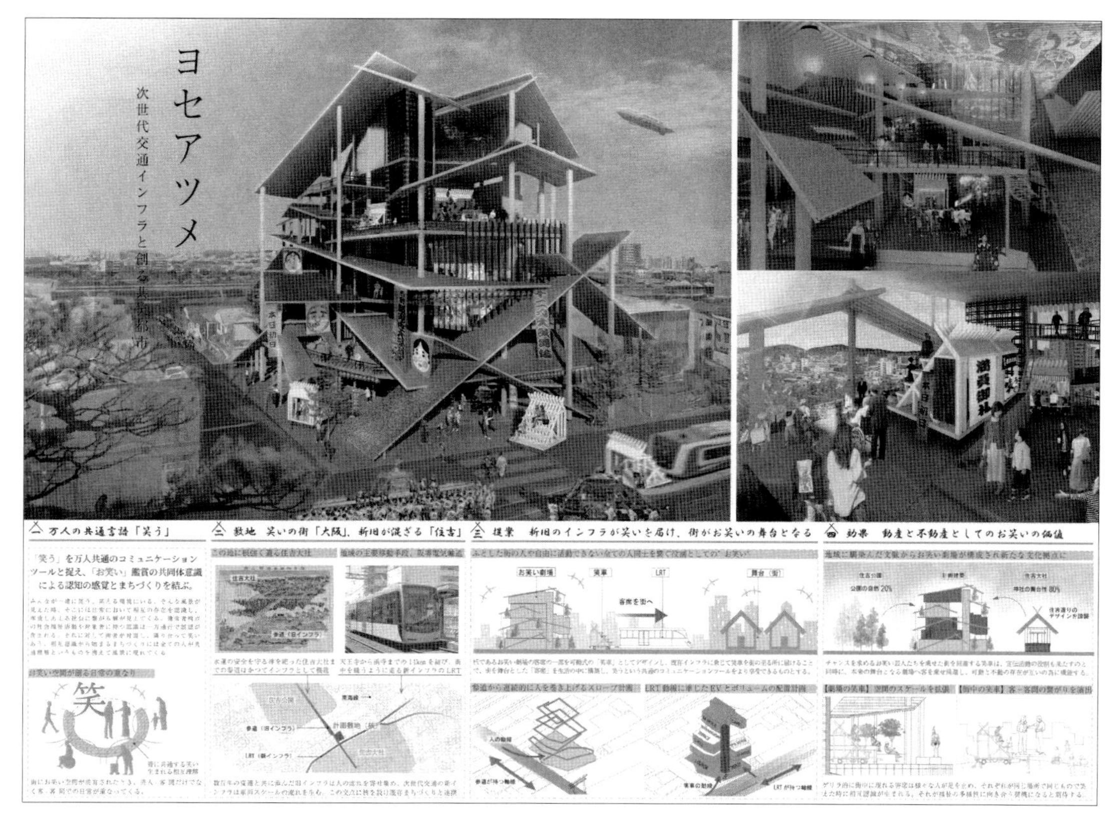

支部講評

まちの核であるお笑い劇場の客席が可動式の「笑車 waraguruma」という名の山車（だんじり）となり、既存インフラの LRT で運搬することで都市のあらゆる公共空間を舞台として捉え、ゲリラ的に現れた寄席装置がまちをお笑い劇場へとハッキングすることを狙った提案である。隣り合って笑い合うことが異なる立場の人々の相互認識を生み出し、そこから始まるまちづくりを目指すことが作者の主眼である。既存の劇場は文化の担い手でありながらまちに閉じた施設であることがほとんどであるが、その納まりかえった客席が劇場を飛び出し、若手お笑い芸人のゲリラライブが日々至る所で行われるかと思うと痛快でありわくわくする。外観は住吉大社を再解釈した祭り感あふれるエネルギッシュなデザインで、都市をよい意味で刺激する。現在の TV のコンテンツでも老若男女を問わず楽しみ、感動できるのはお笑いくらいのものだ。笑いがさまざまなバリアーを易々と乗り越えていく鍵だということは、とかく深刻でセンシティブな福祉の議論に対し一石を投じる効果があるのではないかと夢想させてくれる。

（喜多主税）

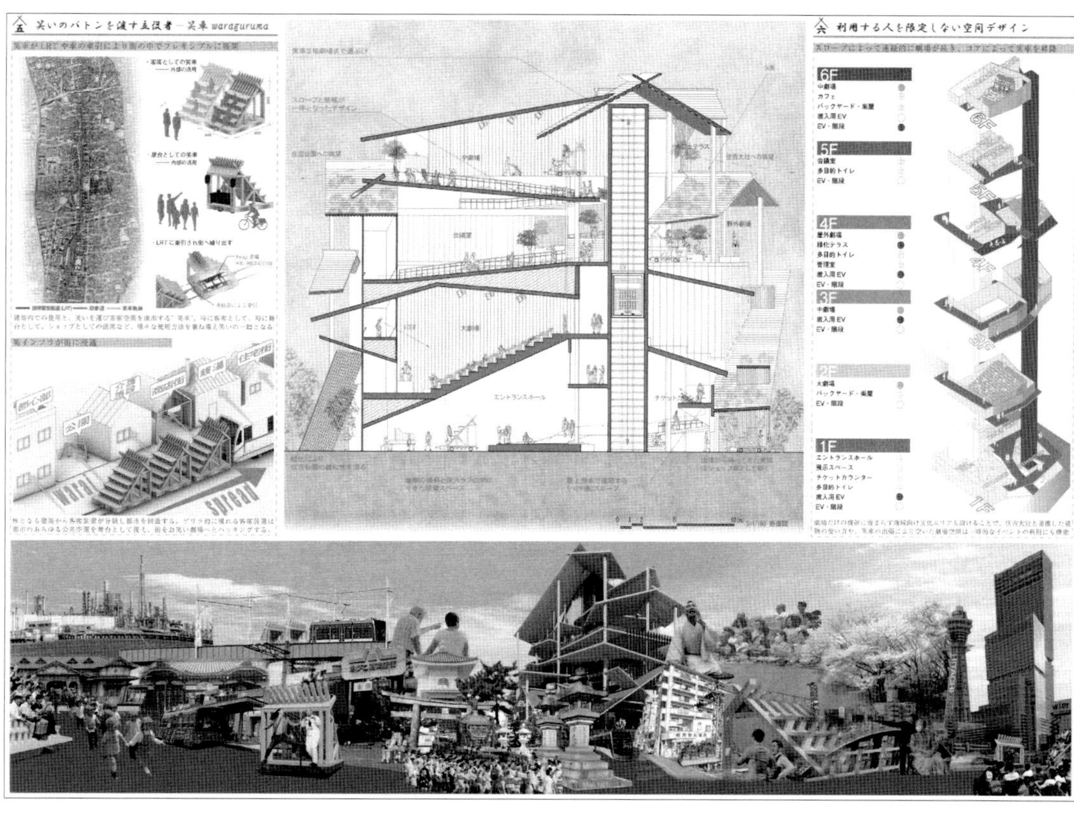

編んだ日常。それぞれのまち。

ー「商店街 × 福祉」の在り方ー

幸田梓

高坂啓太

神戸大学

CONCEPT

高齢者施設と商店街の「編み込み」により、高齢者は商店街で培われてきた暮らしや関係を継続し、また商店街に戻ることで再び地域コミュニティに還元する。
このような高齢者施設の<静>の日常と商店街の<動>の日常をハード・ソフト両面で「編み込む」ことで、商店街に滞留空間を生みつつ高齢者コミュニティを取り戻し、まちづくりの核となるものとして「編んだ日常。それぞれのまち。」を提案する。

支部講評

空き家が増えてきた商店街は、昨今多く見かける寂しさを感じる風景となった。これに高齢者施設を「編み込み」（再編成）し、コミュニティを創造していこうとすると共に、新たなまちの「在り方」を示したいという作品である。今回のコンペ課題から、商店街を計画地とした案が非常に多くあった。その中でも本提案は、既存商店街のシステマチックな構造補強と共に、新たな「軸」を「編み込む」ように貫入させ、そこで発生した空間を出会いの場としてデザインされたものであり、他案よりもアクティビティを強く感じるものとして評価した。「軸」による交点や袋小路となった変化に富む空間では、コミュニティが発生する魅力的なものとなった。自然光や通風を取り込む仕掛けは、明るく健康的な空間を求めた作者の強い意志が感じられた。

（南浦琢磨）

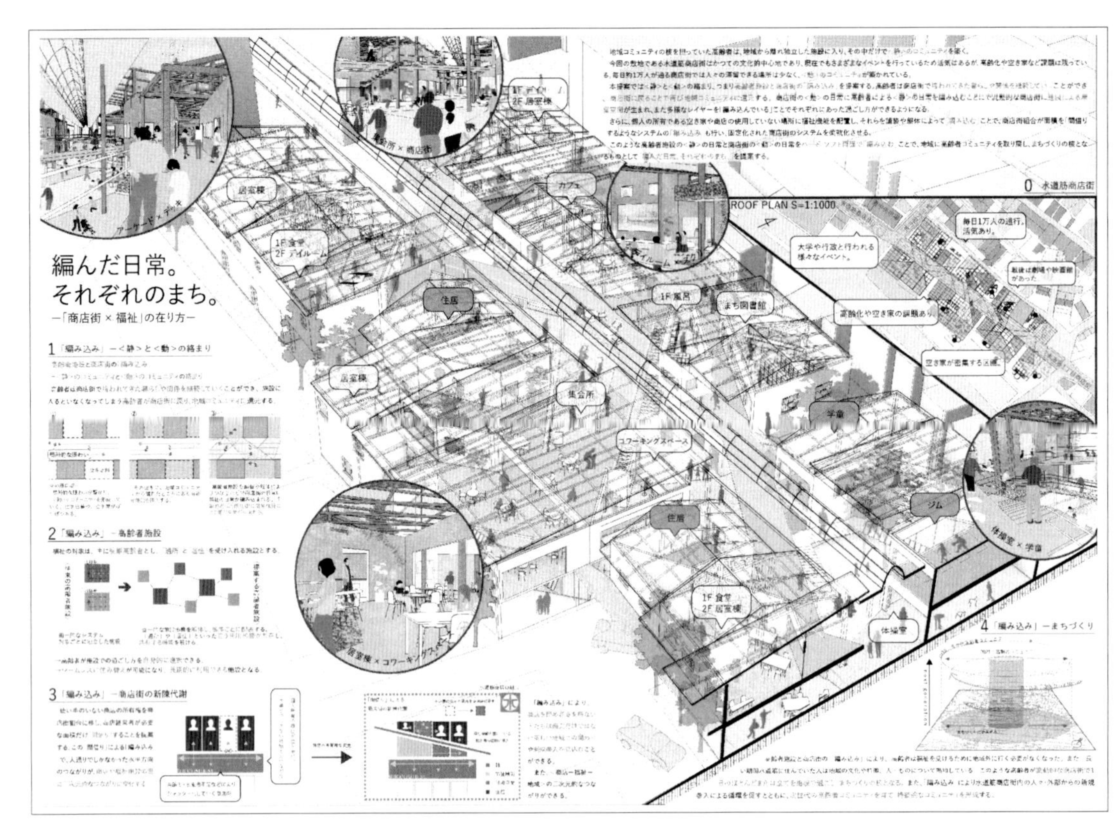

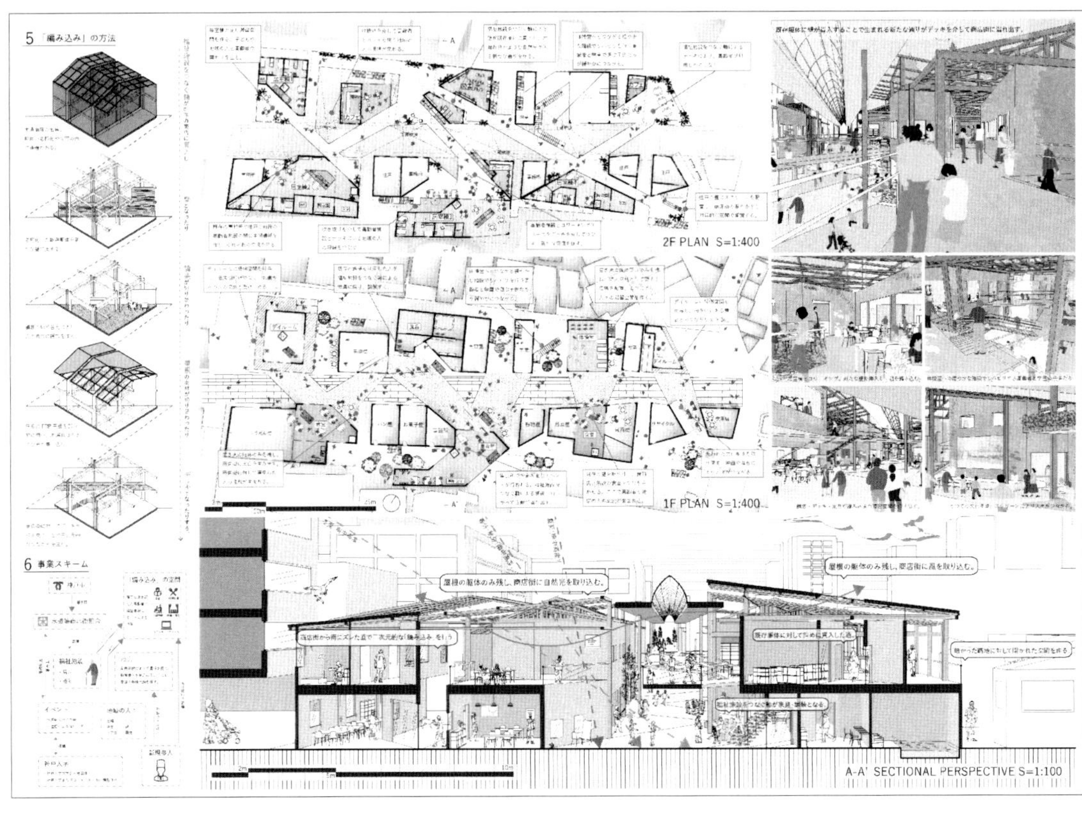

Welfare Container
～ホームレスとまちを繋ぐコンテナユニットシェルター～

谷口賛
三重大学

CONCEPT

これまで用意されてきた生活福祉施設は、無機質でコミュニティも狭く閉鎖的である。身体的衛生は既に尽力されているが、このような精神的衛生は確保できていないのではないだろうか。
緑豊かで、コミュニティが広がるような生活福祉施設があれば、精神的衛生が確保され、一般からホームレスの方への理解や、ホームレスの方が福祉を受けようという気持ちが深まるのではないかと考え、この18種類のコンテナユニットを設計した。

支部講評

路上生活者・日雇い生活者のまちとして知られる大阪市西成区あいりん地区は、汚くて危険なまちというイメージで知られる一方で、大阪市福祉局生活福祉部自立支援課ホームレス自立支援グループが結成された「福祉のまち」としても知られている。これらの人々の最低限の生活支援だけでなく、精神的な支援にもなりうる場所をつくりたいというのが作者の狙いである。居住不定者の一時的な保護施設だけでなく、シェアサイクル事業のNPO法人や起業家のためのレンタルオフィス、野菜や植物を育てるユニットなどが、立体的に程よい隙間をあけながらゆるやかに一体化している。白いコンテナとグリーンが映える建物を平面的ではなく屏風状に立ち上げ、風通しのよい明るさをもたらしているところが、建築というものに与えられたWellnessの可能性を示しているように思える。ぜひこの地に実現したい作品である。

（喜多主税）

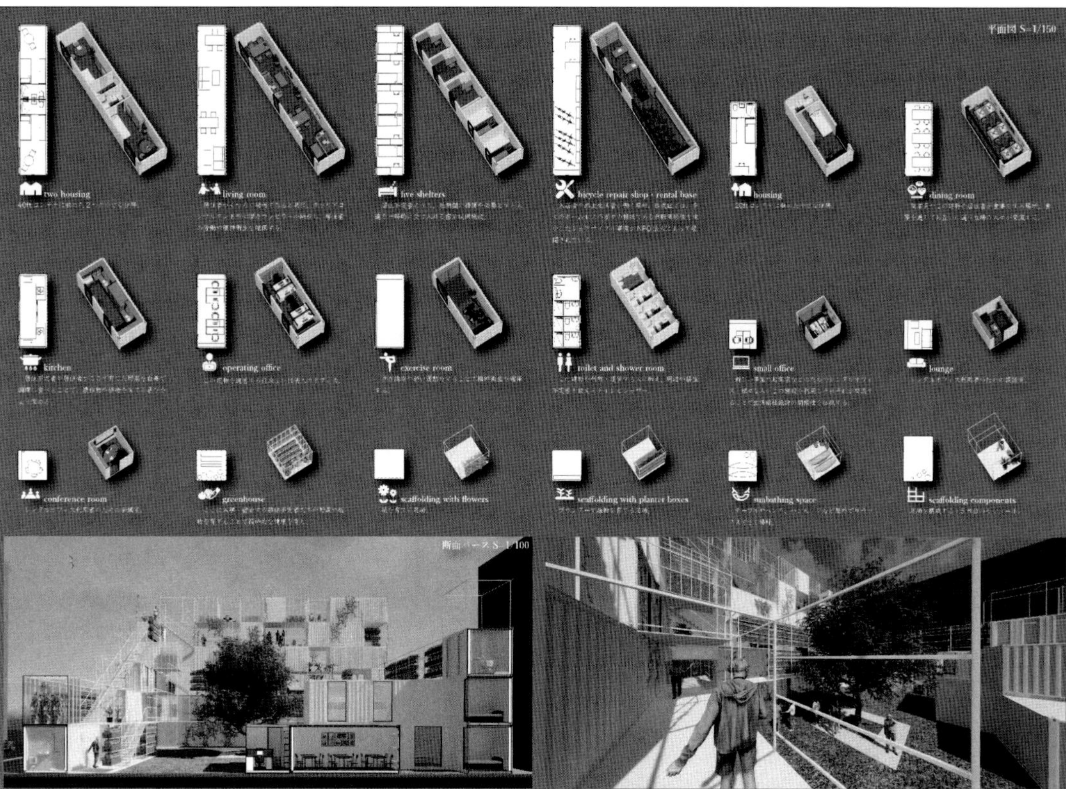

六甲の麓

蒲田峻大　呉聞達
篠山航大　長田遥哉
神戸大学

CONCEPT

精神医学では、人をひとつづきの連続体として捉えている。
しかし、現状の福祉は利用者を限定してしまっている。そこで、福祉の機能空間を最小限化し、大部分を駅と共有コモン空間へ開放する。コモン空間は六甲の地形と呼応する緩やかな凹凸によって連続し、自由な距離感を生み、地域との多様な関わり合いが発生する。共有されたまちの余白は、駅前福祉公園として、まちづくりの“麓”となり、経済に頼らない新たな賑わいを生み出す。

支部講評

人々の日常から、福祉施設が分断されていることが課題であると、作者は感じている。そこで、人々が街の中で最もつながりやすい場所である駅に大きな屋根をかけ、「人がつながる空間」として地域や福祉に貢献させるという作品である。木による印象深いダイナミックな架構や、緑による面で街を有機的につなげていく表現は非常に印象深く、目指すべきものを力強く訴えているところに好感をもてた。課題となったのは、大きな屋根が閉塞感を与え、地下のような建築空間とならないかという点であり、福祉に貢献する空間としての在り方について審査員の間でも意見が分かれた。屋根開口のバランスや空間のヒューマンスケールを丁寧に考え、光がより降り注ぐような「優しさ」を演出できれば、さらに説得力を感じられた。

（南浦琢磨）

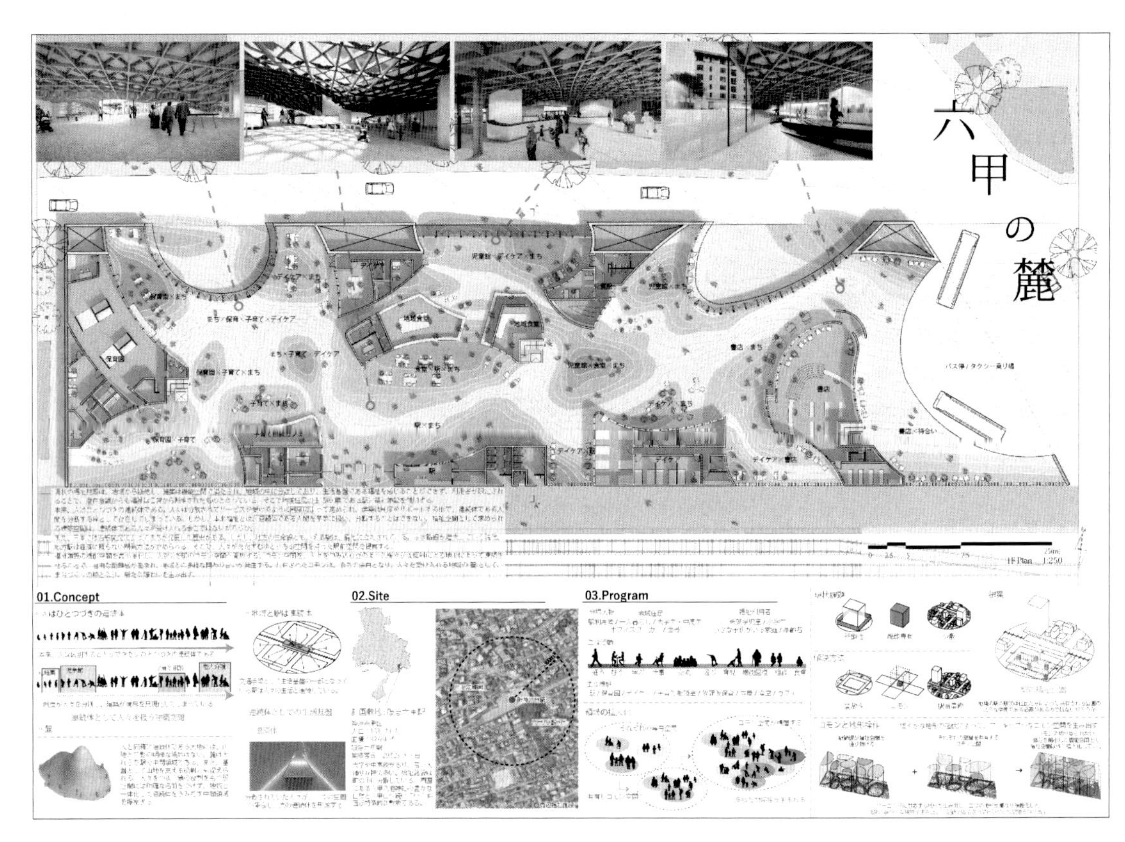

日常の交差点
―活きいきと最期を迎える―

幸永幹真　芦澤竜一　山口裕也
澤田敦希　小林優希
滋賀県立大学

CONCEPT

医療技術の発達により、多くの老人がなじみを感じる場所でなく、病院や介護施設で最期を迎えることが増えた。“福祉施設”にいるのに、機械や他人に囲まれ、福祉（幸せ）を感じられない。まち単位の共同住居をつくることで、住人同士の日常での接点数を増やす。日常の交差が相互的な助け合いを生み、見守る仕組みをつくる。
繰り返される毎日をよく知る場所で、よく知る人たちに囲まれながら、最期まで過ごすための提案。

支部講評

小さな漁村での高齢者福祉の課題をよく分析しており、生まれ育ったところで最後を迎えたい気持ちを叶える、「生活の中で日常的に福祉を形成するコミュニティ」という提案は本質的であると思われる。沖島町の中に生活に必要な要素を埋め込んでいく表現は秀逸であり、集落としての美しさを保ちながら、専用の施設で展開される福祉ではなく、コミュニティとして充実していく福祉のイメージをうまく表現している。この提案は元の課題を、人口240人の漁村での生活がいかに経済的に自立し、世代の連続性を含めた持続可能な環境をいかに保持しえるかというテーマに置き換えているとも読み取れ、地域の持続可能性を考えるよいモデルとなっている。

（吉岡聡司）

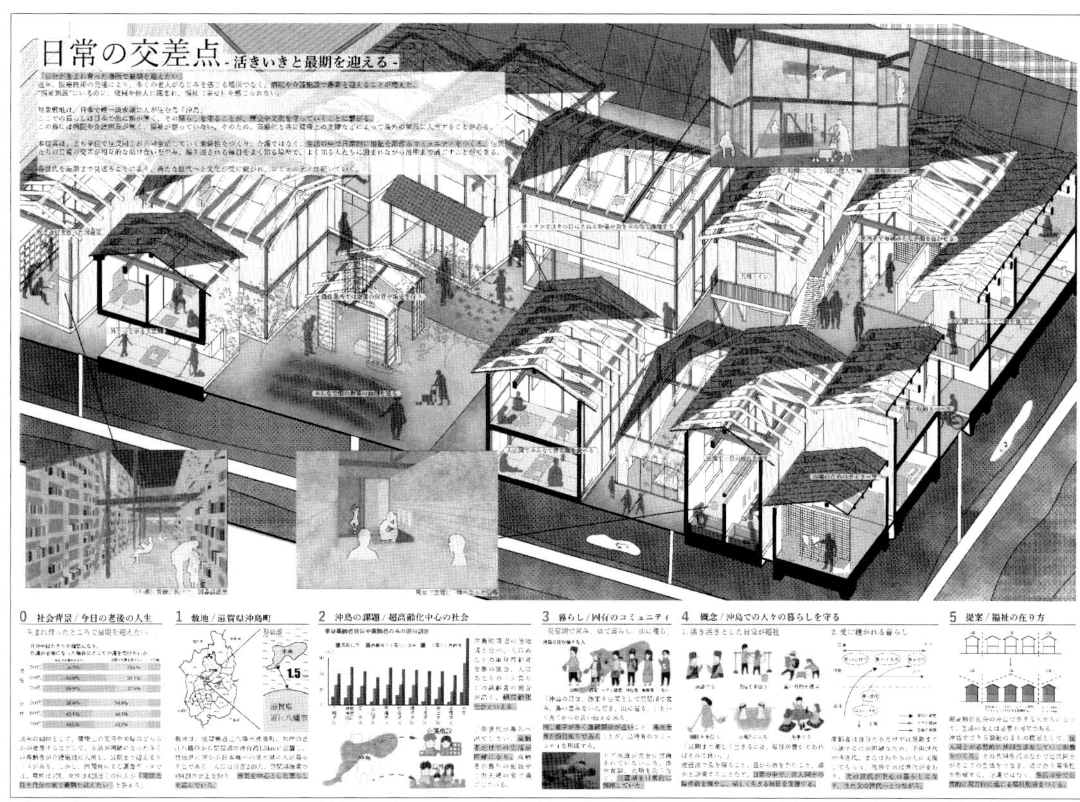

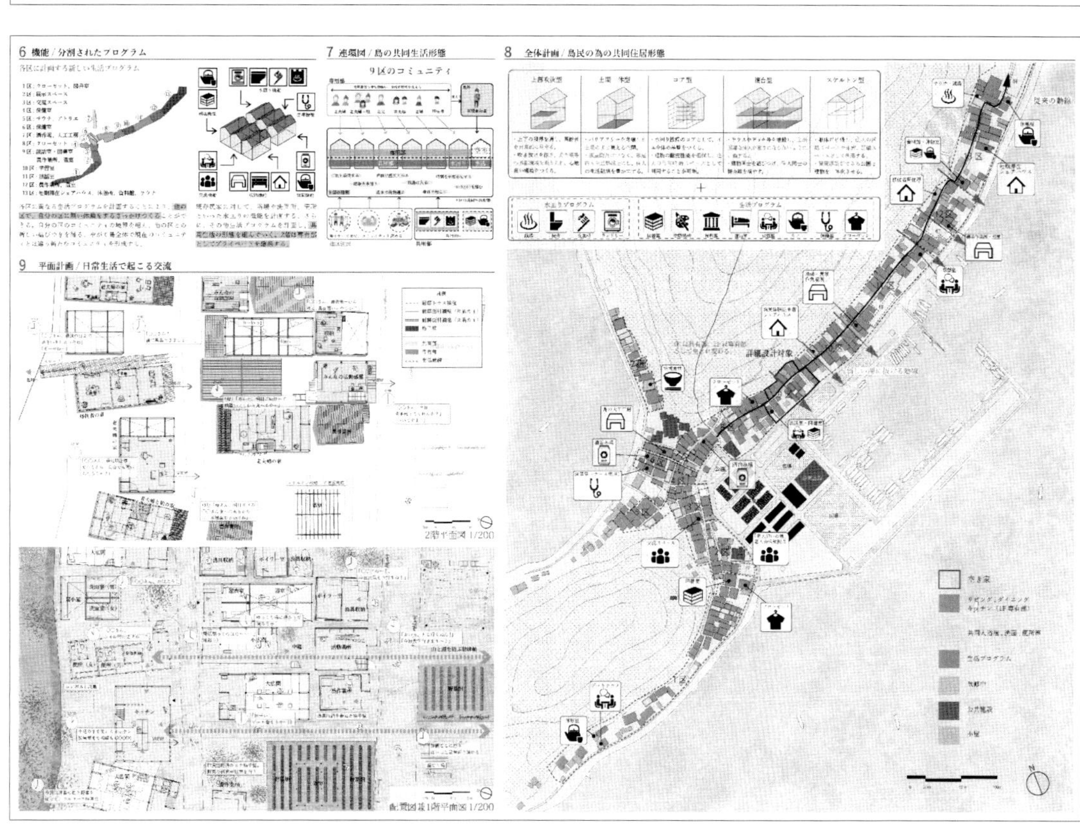

セトフチ商店街
−福祉の挿入による新開地商店街再生計画−

前田稜太　福原草雅
大西健太　八木和
神戸大学

CONCEPT

商店街は、まちづくりの起点となるポテンシャルをもっているが、現在の商店街での商業の連続という単一的な構造は、人が減り高齢化した今の環境では成立しない。川の再生手法として、石や草木を配置し、川の流れを蛇行させることで瀬と淵の空間を生み出し、自然的で多様な在り方に近づけるという方法がある。この考え方を商店街に適用し、川に石や草木を配置するように福祉の箱を挿入し、商店街に淵となる溜まりの空間を作り出す。

支部講評

衰退する商店街に福祉機能を挿入することで街の活性化と福祉の醸成を目指した案である。閉業等により歯抜け状態になった店舗敷地を人の滞留する広場や施設として再構成し蛇行配置することで、直線形状であった既存アーケードを緩やかなカーブの街路として印象的なデザインにまとめている。これらは川の再生の見立てであり、環境配慮的治水整備で生み出された蛇行形状により、瀬や淵などが生き物たちの豊かな生育の場となった取り組みがコンセプトとなっている。瀬や淵にあたる広場や施設に福祉を主題とする空間的深みと仕掛けがあればより魅力的になったとも思われるが、流麗なルーバーの連続感は川の流れをよく物語っており、インパクトの強い作品に仕上がっている。

（奥田英雄）

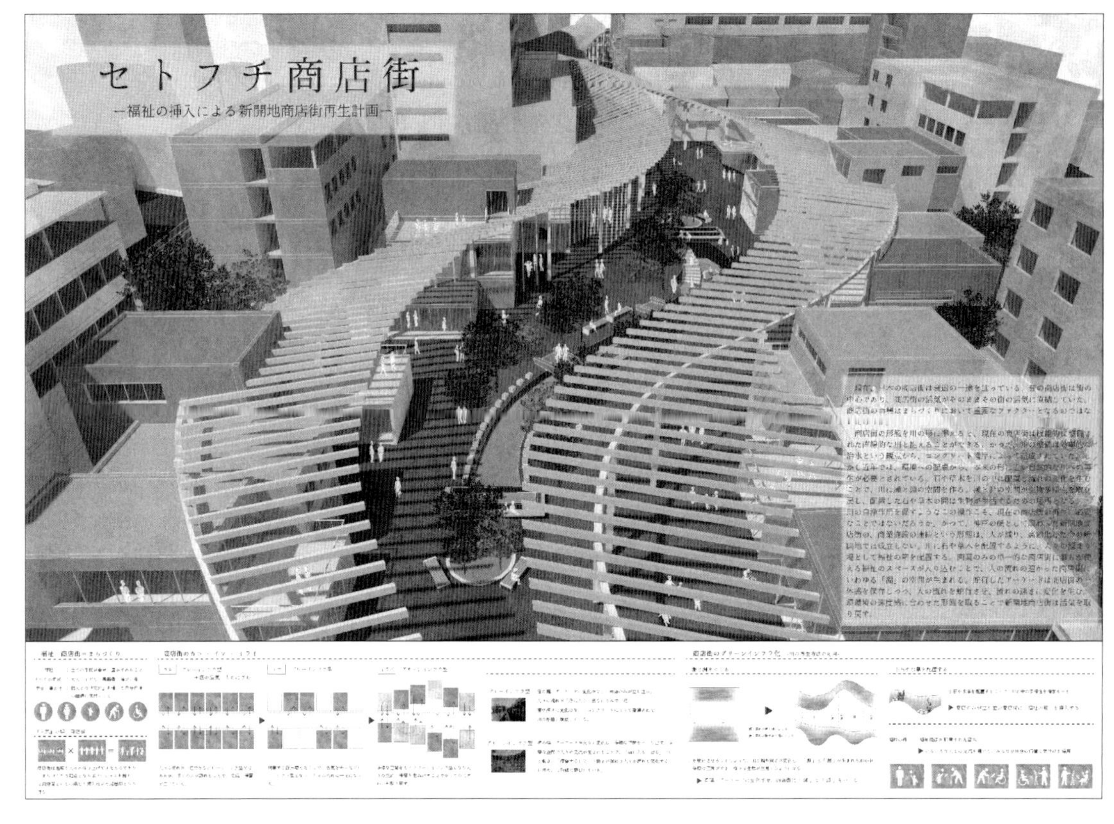

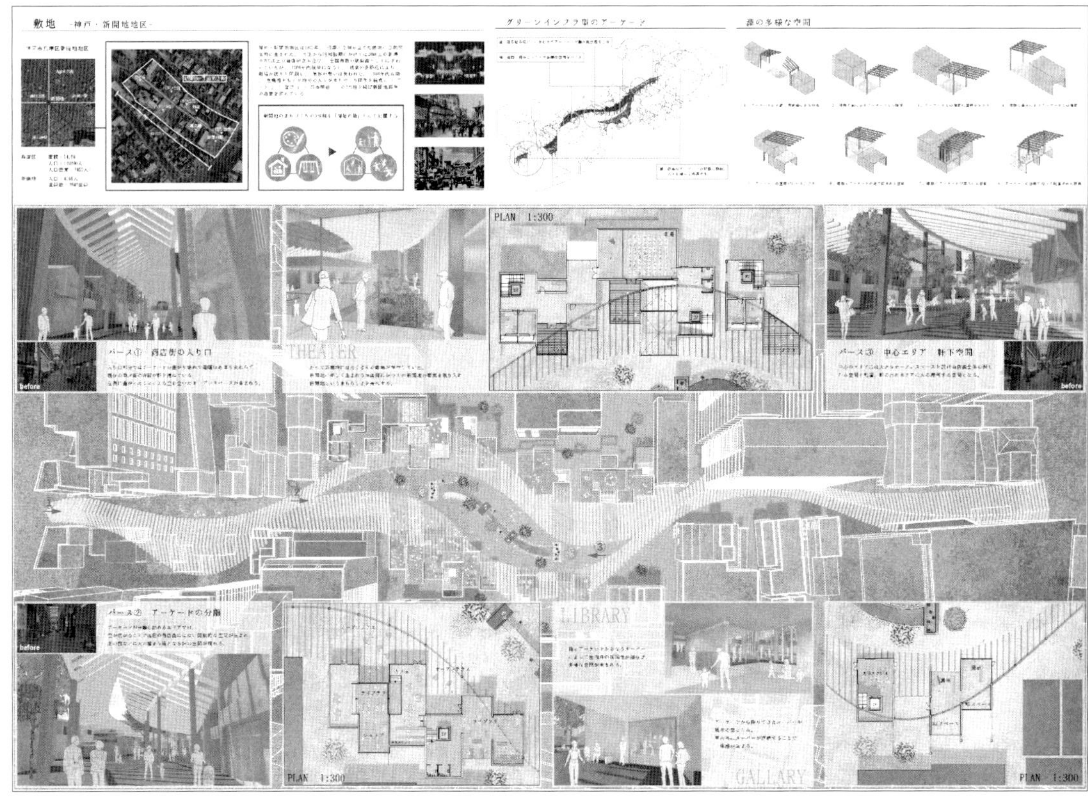

孤独を紡ぐ相互寄生

―老人と学生による新たな共助の住まいかた―

瀧下裕治　三谷啓人
岩間創吉
近畿大学

CONCEPT

「迷惑が享受される場」を提案する。個人の問題は当人の責任とみなされ、他人に迷惑をかけることを躊躇する現状に対し、この住宅部では老人と学生が寄生し合いながらお互いの暮らしを扶助する。高齢者は、生活の中に互いに干渉する場を適度に設けることにより学生との関わりの中で生活にゆとりが生まれる。建物の寄生によって表れる余剰空間を介して街と人が繋がり、個人の生活がこの町で行われる暮らしを再構築していく。

支部講評

老人と学生が相互寄生し合いながら個人主義が加速する現代社会に対して相互扶助を促す提案である。互いが迷惑を掛け合いながらどの程度交流し、信頼関係を結べるかが実際の問題ではあるが、具体的に既存家屋に対して新たな建築が寄生した提案が興味深い。貫入された建築が既存に対してどの程度構造を支えているかという点には疑問が残るが、新たな価値観をもった建築がいくつかの住宅群となって周辺地域に波及していく姿に福祉を核としたまちづくりに寄与する可能性を感じた。この寄生された建築と敷地内にある寄生されない住宅との関係性や、この建築システムが長い時間の中でどのように持続可能なのかにまでふれていればさらによい提案であった。

（前田圭介）

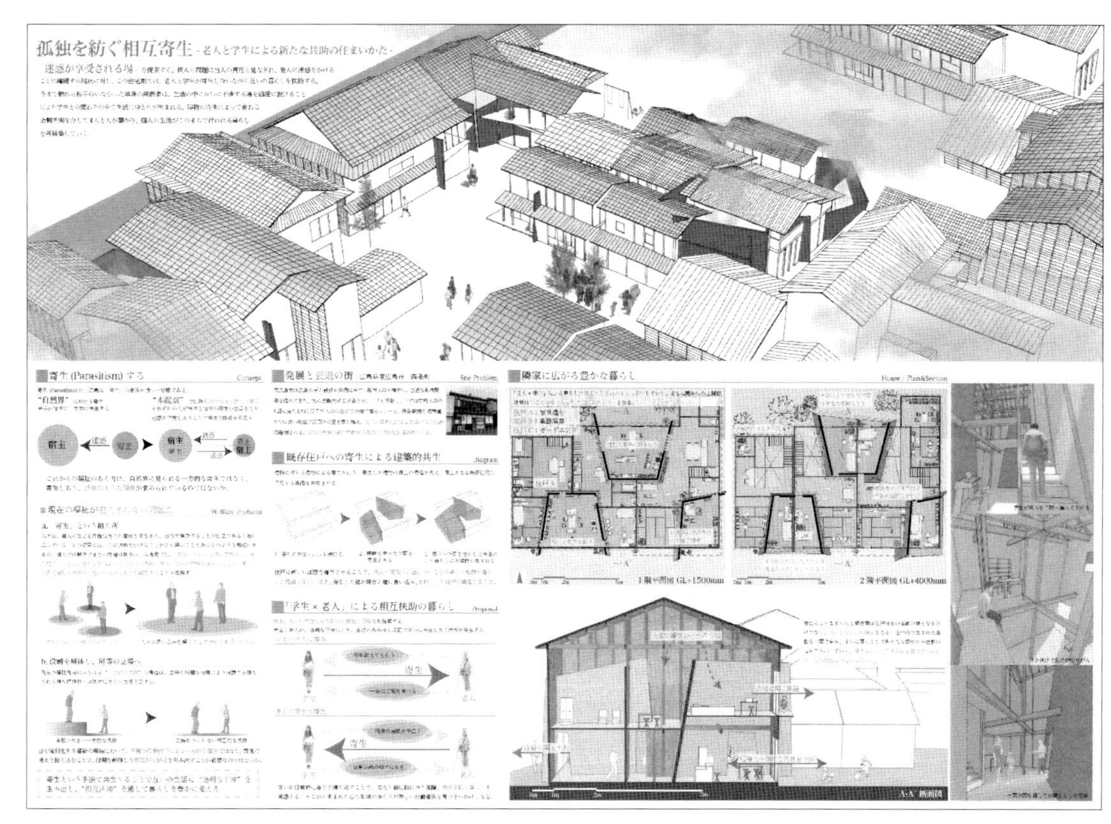

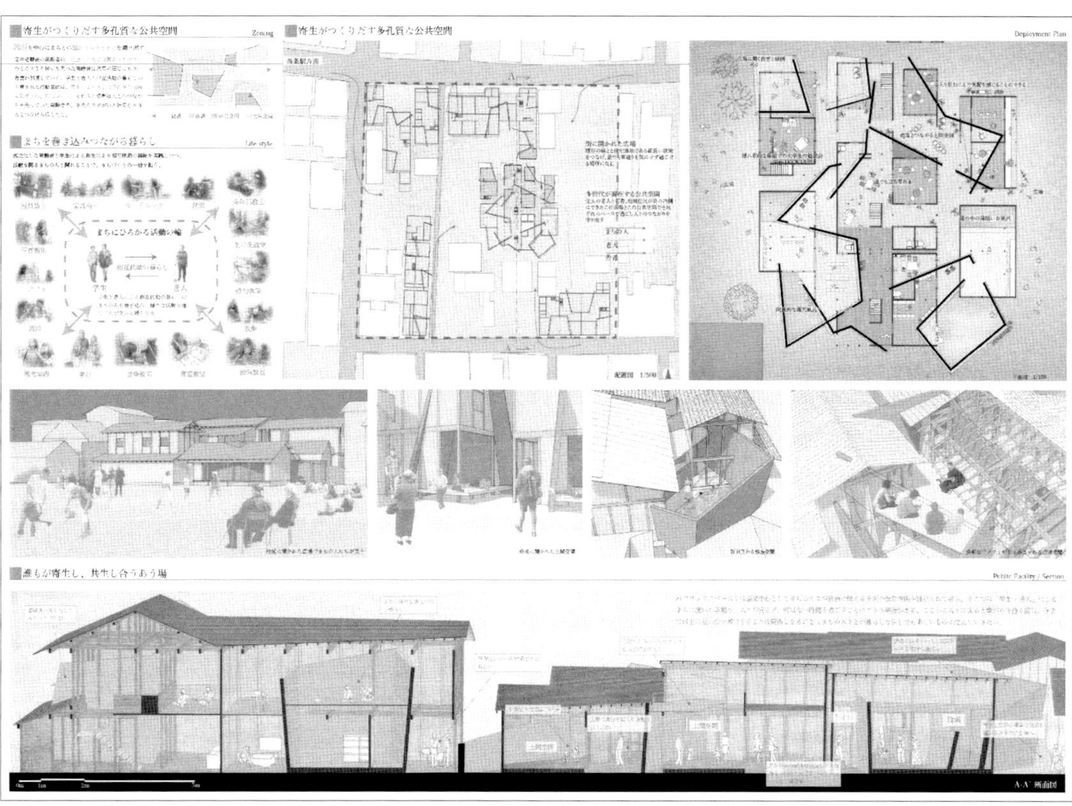

汗をかく 人とまちが輝く
ー西条地域福祉再生計画ー

山下正太郎　嶋田駿斗
田口湧力　賈剣飛
広島大学

CONCEPT

平均寿命の伸長により、高齢者の生きがいづくりや社会参加は、まちづくりにかかわる重要な問題となっている。その際、老後も地域と関わり、仕事を続けられることは福祉となるのではないだろうか。東広島市では、田んぼが失われつつあり、農業で働き続けさせせることが困難となっている。そこで、人々が農業を続けられるように支える建築や地域組織の在りかたを考える。それらはまちづくりの核となり、失われた田園風景が戻っていく。

支部講評

この計画は、学園都市として急速な都市開発が行われ、多くの田んぼが学生住居として変貌している東広島市の現状に対して、地域に残る田園風景を活用して地域に住む高齢者と共に、アパートに住む学生が一緒に協力し合ってつくり上げるまちづくりの提案である。
農業を支える建築と地域組織の新しい在り方を通して、福祉がまちづくりの核となり、失われた田園風景が戻ってくるものである。田んぼのうえに学生と農業のための風景として溶け込む建築を提案し、福祉となる農業を守りながら、学生と農家の新たな関係性を構想し、地域との交流が生まれるよう計画されている。農家を通しての新しい福祉のまちづくりの提案として評価できる。

（小川晋一）

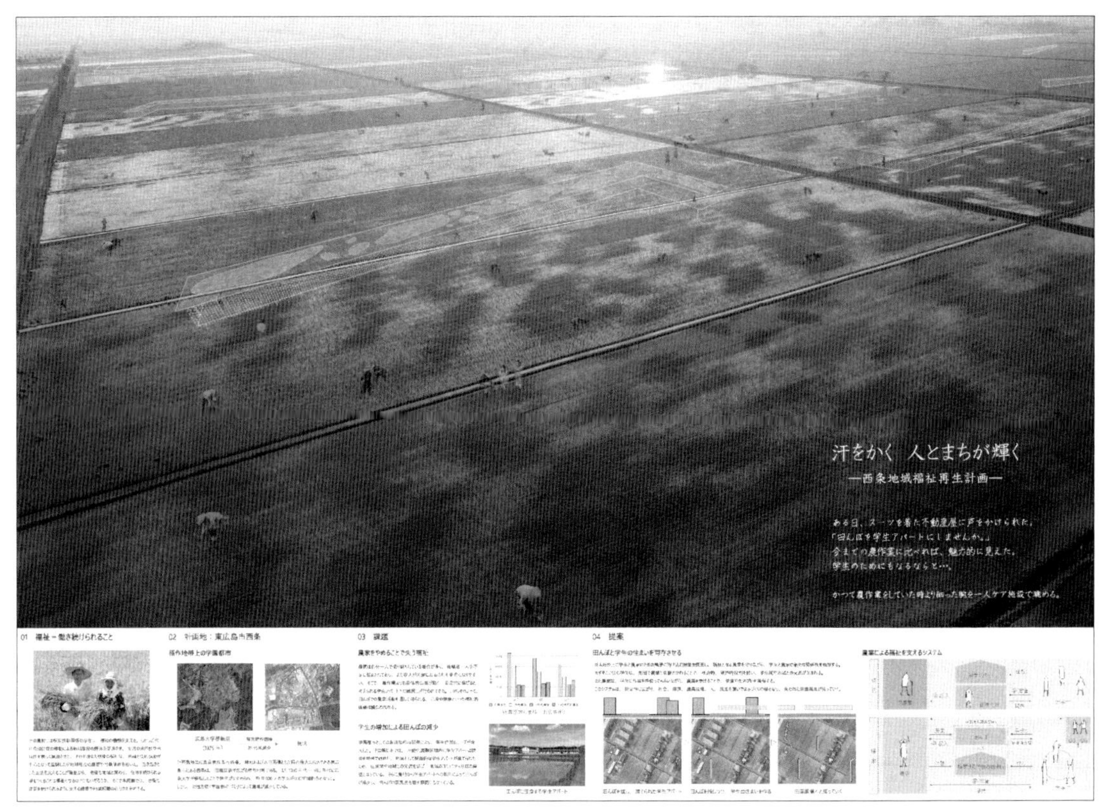

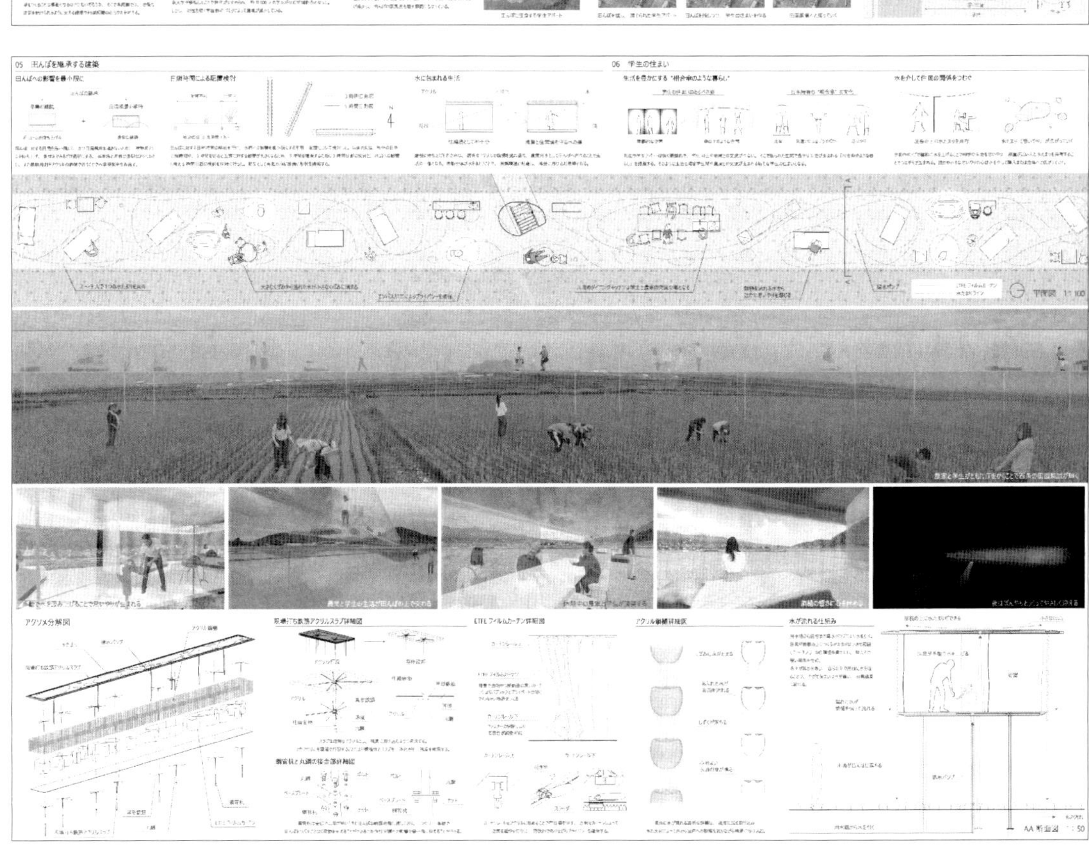

敷居跨ギ

吉田英亜
井内光
大阪大学

CONCEPT

ひとり親世帯の移住支援が行われている島根県浜田市の敷地において、「介護付き有料老人ホーム+ひとり親世帯の住居」の複合施設を提案する。ひとり親の移住と労働が循環するこの施設によって、高齢化社会に対応する仕組みや、新たな人の繋がり方が構築される。この施設を通じて、年代や世代といった「敷居」を跨いだ関係性が生まれ、街全体がひとつになっていくだろう。

支部講評

ひとり親世帯と高齢者福祉の組み合わせは、自然に受け入れられ、そこに就労と定住確保のための施策を絡めたことは重要な着眼点である。縦割り行政による「敷居」も人々の意識による「敷居」も超えた複合を建築的に表現しようとした点が本作品の肝といえる。複合化の際に生じる混沌を、特産の赤瓦で統一しつつ、各機能を注意深く組み合わせた内部配置には細やかな配慮がある。加えて時間軸での検討を行うことで、将来にわたる地域の持続可能性も期待させる秀作となった。今後は、飲食機能の充実や湊との関わりをもたせる拡張性・収益性を加えることで、より発展的な提案となることも期待できる。この案を核に、地方のまちづくりを考え続けてほしい。

（岡松道雄）

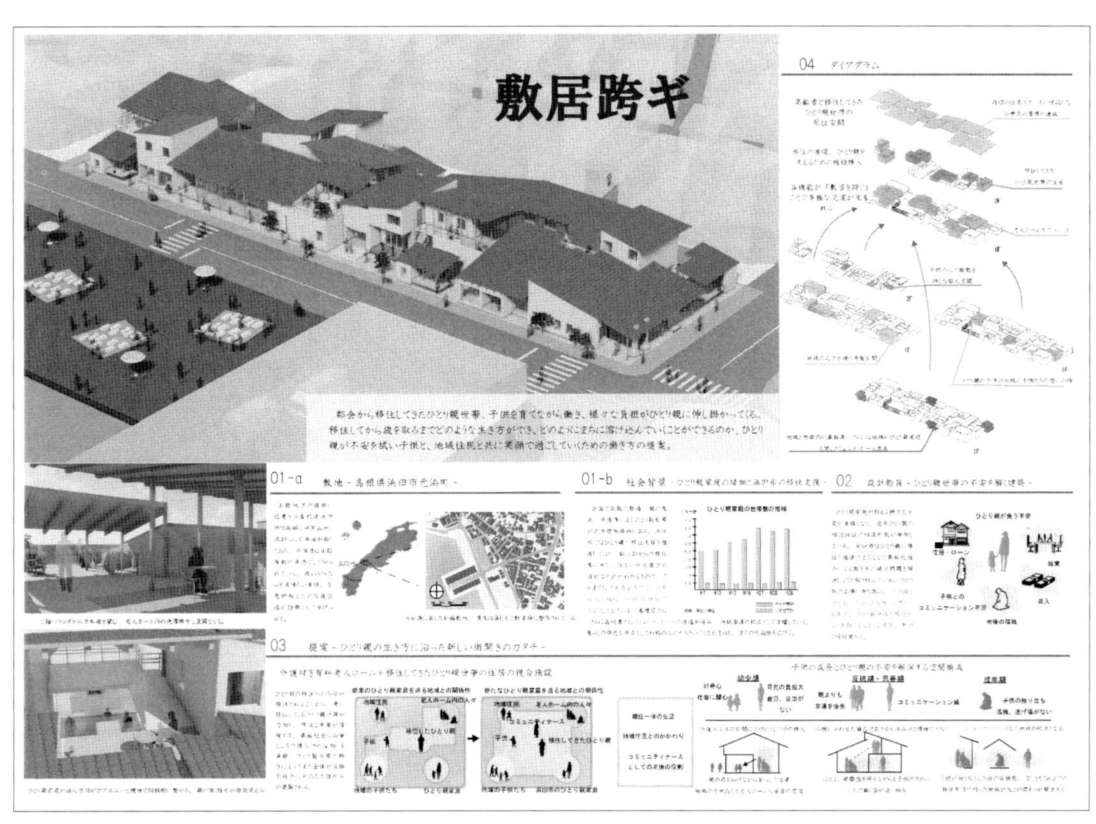

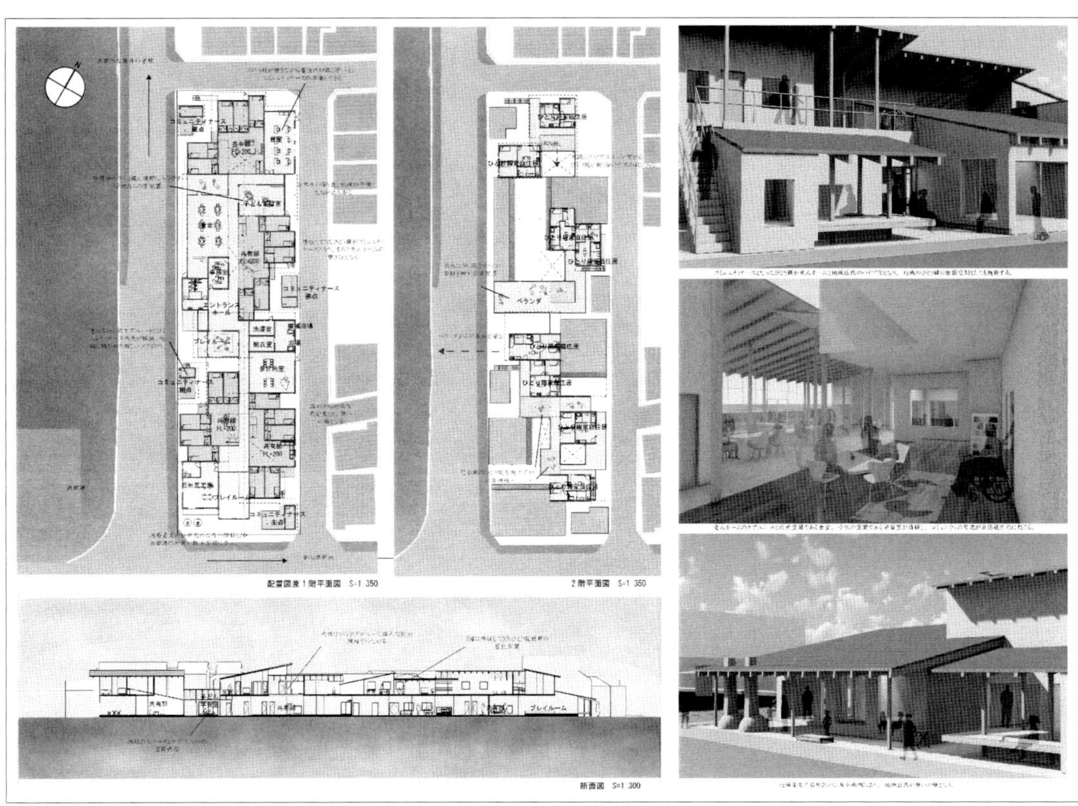

支部入選

色彩モトマチ色々コア

國井奏　山本千結
高田愛梨
広島大学

CONCEPT

人は個性という「色」をもつ。人と人が交わることで自分以外の「他者の色を知り自身の新しい色」を見つけ、育て、鮮やかになる。人は鮮やかな空間に触れた時、「幸せ」を感じ「豊かさ」を得る。
本作品では、目に見える花と人で作られる「色々モトマチ」が「色彩モトマチ」となり、目に見えない「人の個性」＝「人の心の色」を基町高層アパートの「色彩コア」が鮮やかにする。

支部講評

「共にすまうこと」という現代の課題に応えた提案である。戦後の社会背景から生まれた基町高層アパートは、近代建築の空間概念の具現化と、群造形としての美しさをあわせもつ。一方で、提案者が感じた住民の孤立感・ファサードの閉鎖感など、この建築のポテンシャルの阻害という問題意識からこの提案がなされた。人はそれぞれが独自の記憶とそれを背景にした感覚で生きている。それらが、ある領域に接した瞬間に他との共有された「場」を感じ取り、「共にすまうこと」が意識される。この「場」をつくり出す要素として、人・ボイド空間・花すべてを独自の「色」として等価に見立て再構築し、街と人に開かれた現代の都市建築の可能性を豊かに表現している。
（向山徹）

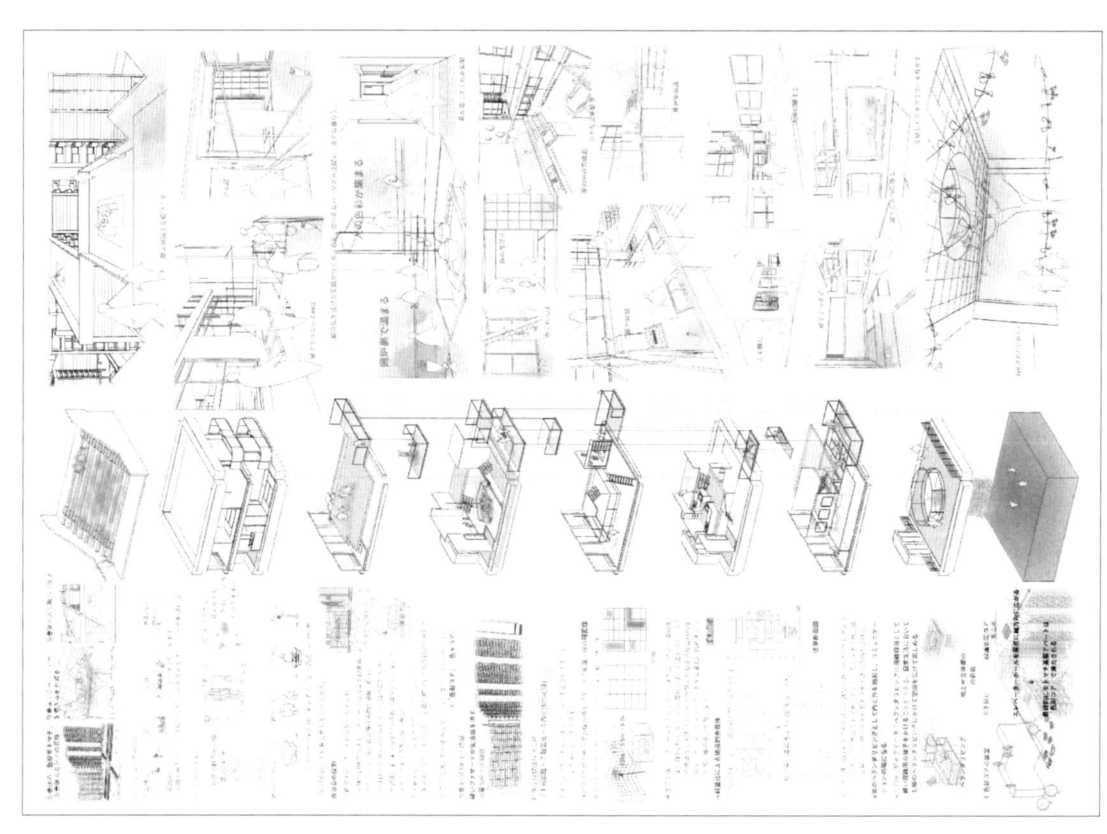

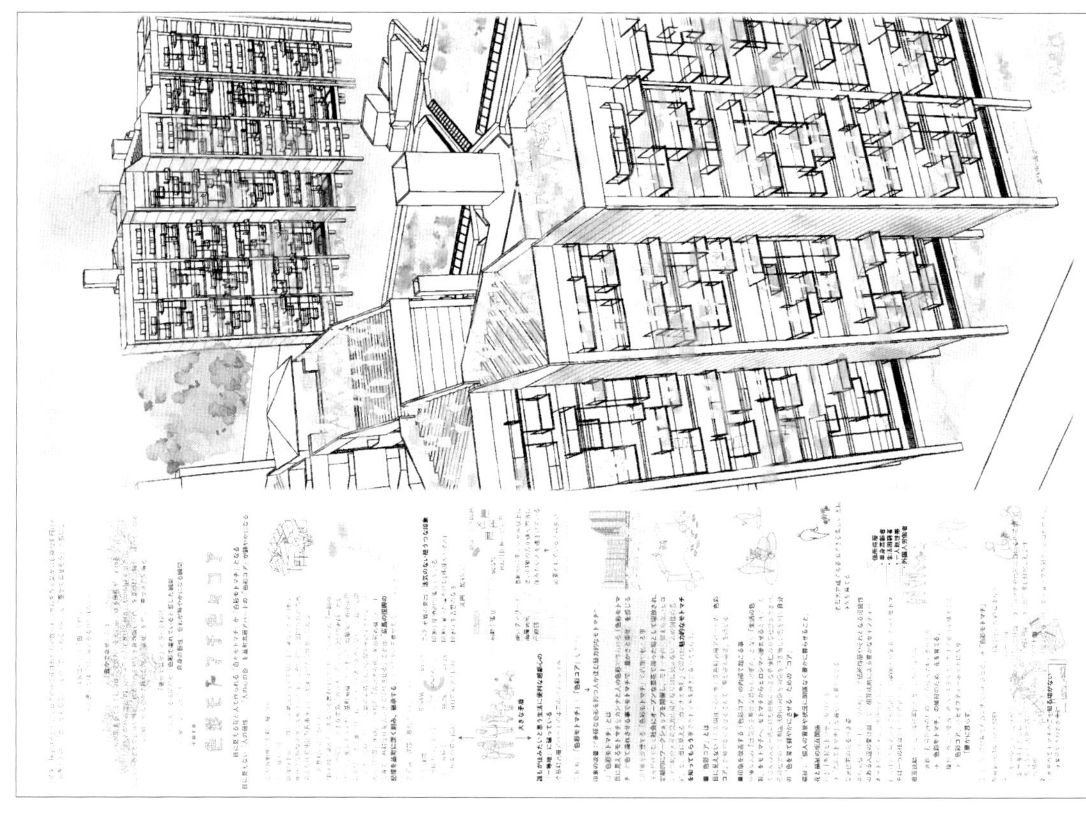

みのりのガーデン

空き家×サーキュラーデザインでつくる、地域拠点となる福祉の場面

安部良
Architects Atelier Ryo Abe

CONCEPT

隣接する3棟の空き家をフレキシブルな枠組みと見立て、街の人々に開かれた「庭」へと変えていく。高齢者、子育て世代、障がい者、子どもたちや学生など、さまざまな属性の出会いと役割づくりで、現代的な互助と共助の場面をデザインする。制度の網目からこぼれてしまう課題や生きづらさに直面する人々を迎え入れられるプラットフォームを構築しながら、そこでのメンバーシップと共に、新しいまちの景観を育てていく拠点を提案する。

支部講評

福祉の問題を解決する案と同時に、空き家対策のひとつとしてかなり強い具体性をもったケーススタディとしても提案されている。計画地の社会構造や現状の課題分析を綿密に行いながら、そこから導き出されるより具体的な解決策を優先的に判断していく。ここで特に秀逸な点は、法的課題や経済性への配慮もあってのことだと思うが、できるだけ容易でさり気ない建築操作によって、この多様で複雑なプログラムを成立させようとするギリギリのデザインに留めているところにあると思う。縁側やベンチ、庇、外構という建築に対する補助的な要素に対する小さなデザインのみで、建築全体を新しい機能や空間へコントロールしようとする。作者の高い知性、人や建築に対する深い思いが表れた作品である。

（中薗哲也）

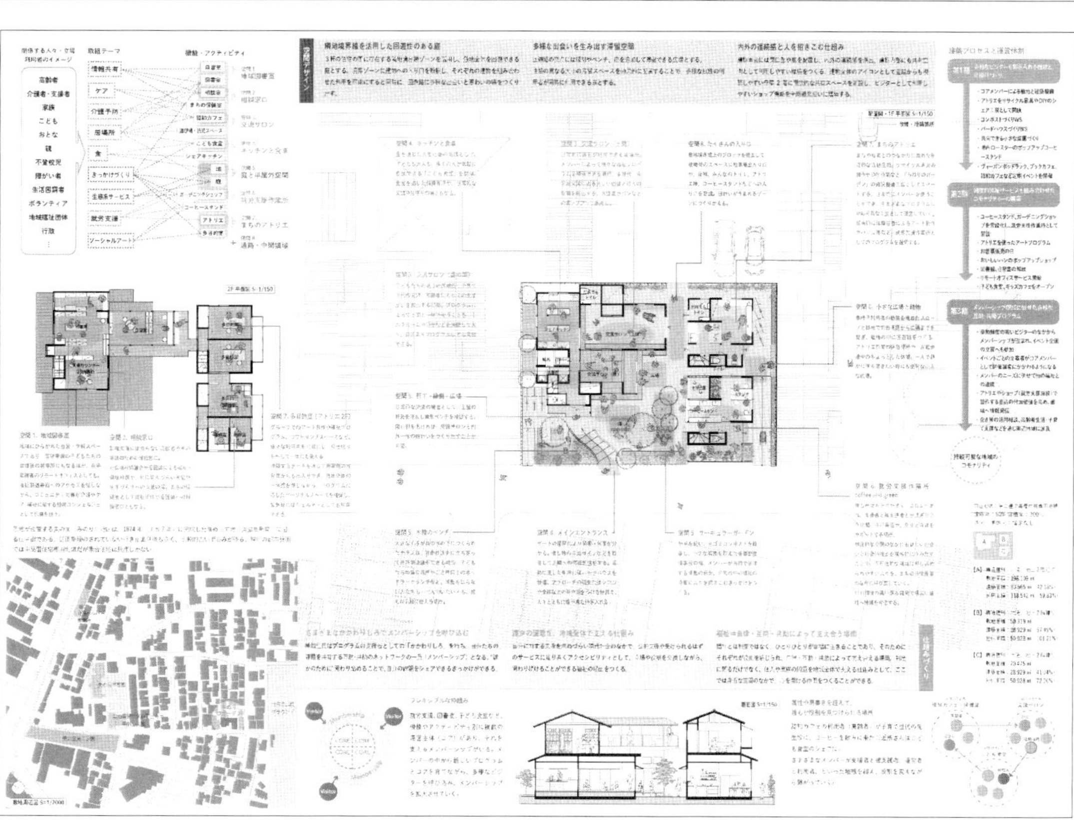

街を昇る
～参道の高低差を解消する建築的提案～

関亮太　中泉拓己　西辻優世
田畑輝　川内俊太朗
日本大学

CONCEPT

香川県琴平町は、金刀比羅宮で有名な観光地である。しかしながら、参道は多くの階段により高齢者や車いすの参拝者には困難な道のりになっている。また、現在琴平町は若者の流出が問題となっている。そこで、参道沿いにスロープや昇降機を設置した足湯施設、ギャラリー、図書館、温泉旅館からなる施設群を計画し、それらの施設を媒介とした地域の若者とボランティア、高齢者や障がいをもった人々が相互利益になるシステムを提案する。

支部講評

金刀比羅宮の参道景観を保管しつつ、脇道や参道脇施設内に設ける段差解消で、地域再興につなげようとする本作品は、有名な785段の階段参道のバリアフリーに取り組むチャレンジングな計画だ。また、提案にある琴平カゴ（石段カゴ）の復活も、バリアフリーなどの概念がない時代に究極のバリアフリー対策である琴平カゴを生み出した、地域の歴史文化の再興でもある。令和からの時代ならではの手法で、バリアフリー化などのリノベーションを加えて行けば、いつかノーマライゼーションを克服し、金刀比羅宮周辺の歴史文化に、新しい魅力と活性化を導けるのではないかと思う。

（中川俊博）

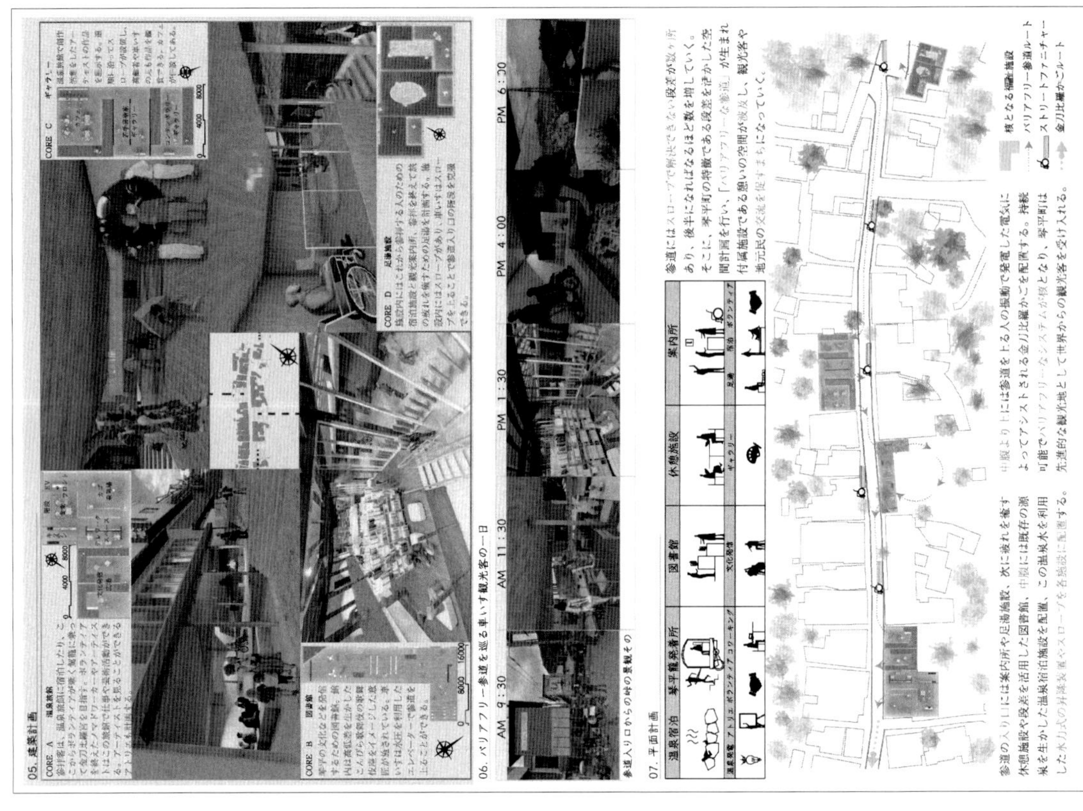

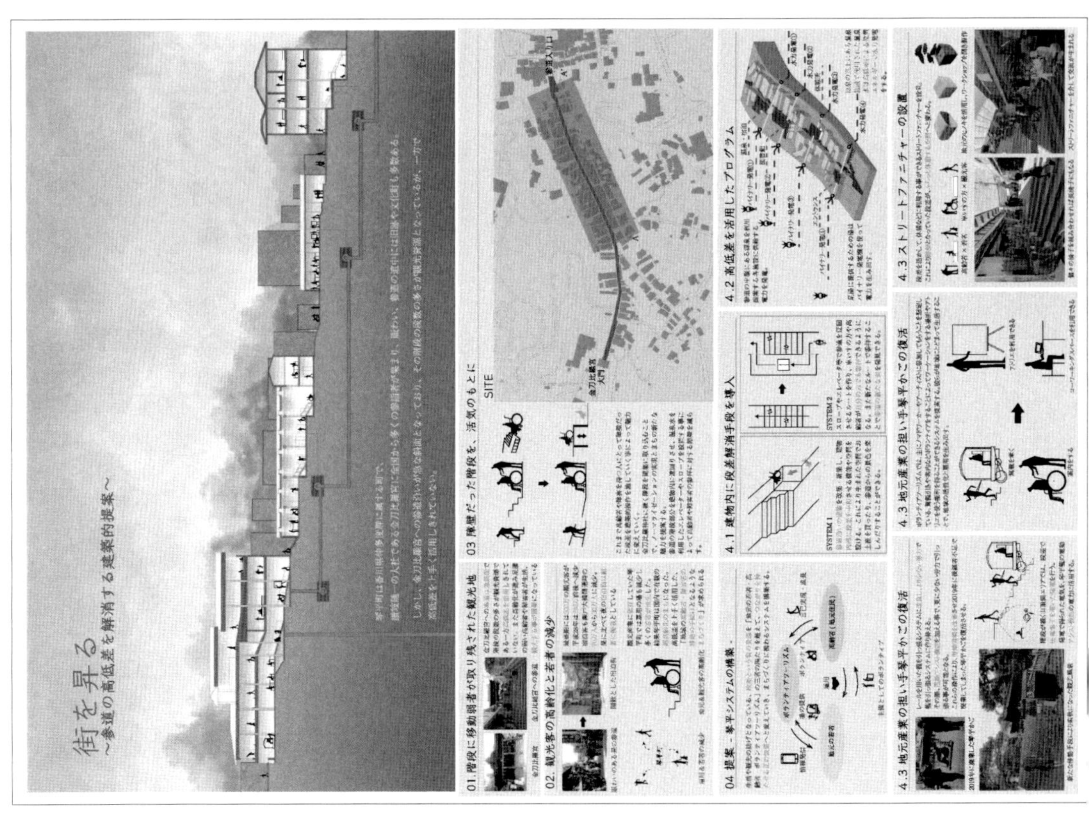

支部入選

内輪を繋ぐ並軒の坂道
ー移民者の地方暮らしのケーススタディー

郡司颯
大分大学

CONCEPT

近年の外国人数の増加に伴い、市街地では外国人の小さな内輪（エスニックコミュニティ）が見受けられるようになる。だが、それは孤立した内輪の中でこじんまりと生きる現状に繋がっていた。一方、地方部にも内輪は見られるが、その性質は都市部のものとは逆であった。反面、地方部では少子高齢化と共に交通便の悪さなどさまざまな問題を抱えている。そこで、地方の機能の一部となり、新たな輪を作って暮らす在日外国人の生活の提案を行う。

支部講評

佐賀関の都市構造を丁寧に読み込んだ対象敷地の設定と、大都市に存在する小さな在日外国人の人々のコミュニティの実態とライフチャンスの制約に着目したコンセプトを高く評価した。高齢者の買い出し支援を契機として、在日外国人の方々が地域に溶け込むという提案は、丁寧な導入が必要と思われるが、可能性を感じる。既存の路地と路地沿いの空き地を活用し、軒下空間を使った交流空間もスケール感も含めて魅力的である。ただし、在日外国人の方々の住まいが、水回りを共有する一人用個室に限定されている点が気になった。周囲に空き家の改修なども組み合わせれば、より多様な住まいの在り方も考えられるかもしれない。

（黒瀬武史）

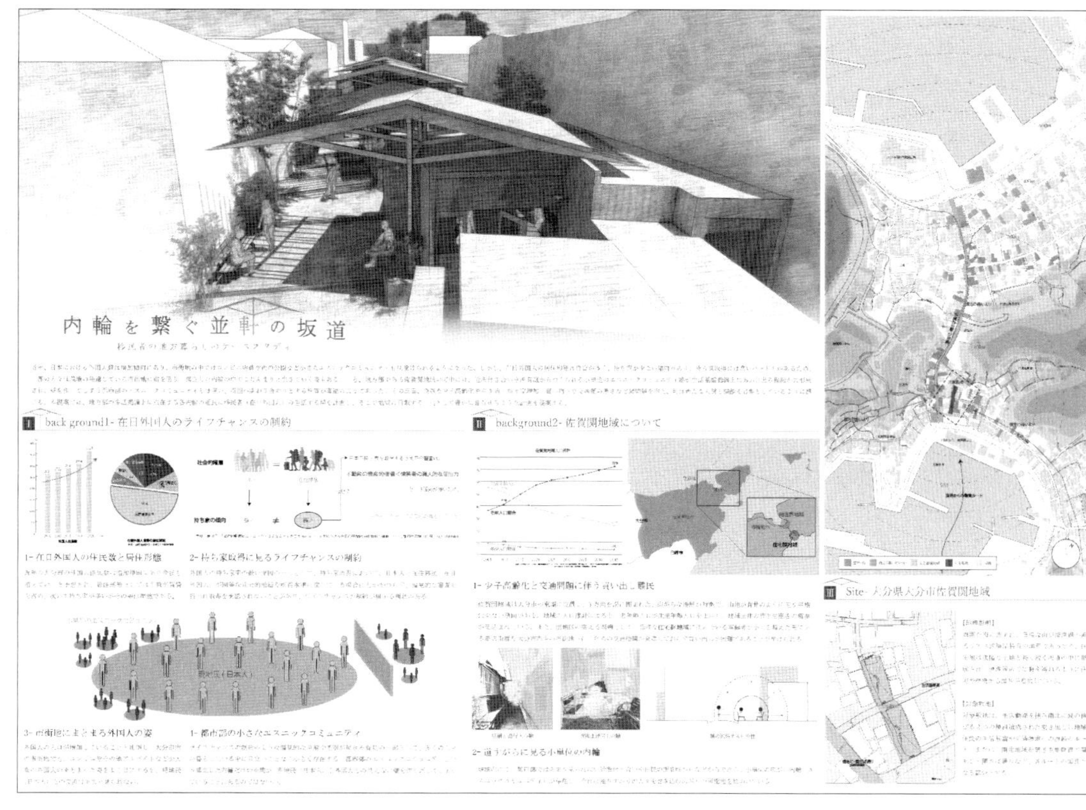

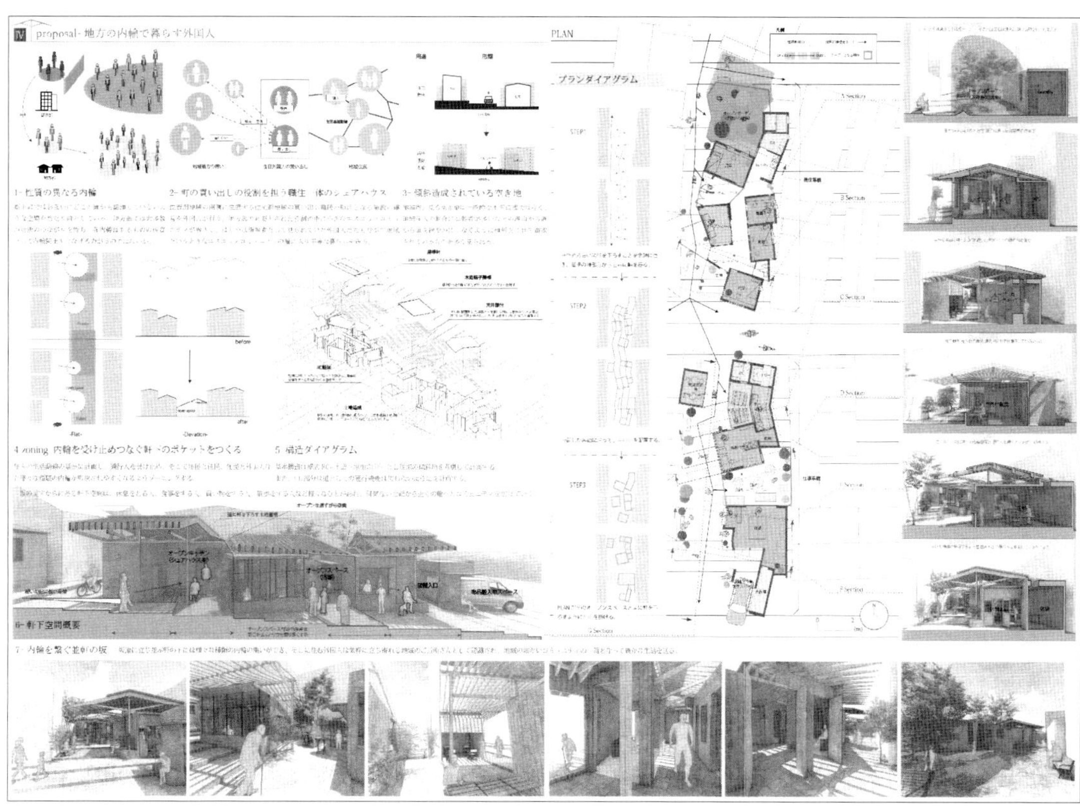

いっぽ、にほ、散歩

元野真衣子　髙﨑拓海
植山ふみ乃　田中由愛
鹿児島大学

CONCEPT

鹿児島市は典型的な車社会のまちである。これは、まちとの繋がりが薄く、活用されていないことが大きな要因である。また昨今、高齢化の進行により老人ホームの数は増え、それに伴い施設の細分化が進み、健康問題や心理的な問題が懸念されている。
まちなかゴンドラを導入することで子どもが集い、高齢者・障がいのある人々が交わる。そして、「歩く」ということを核としたまちのアイデンティティとなるあたたかな空間を提案する。

支部講評

戦災復興でつくられたややもて余し気味の駅前通り（ナポリ通り）を、人々が出会うための帯状の公共空間にするという大胆な提案である。緑豊かな歩行者空間となる大通りの軸線上に見える桜島の風景、甲突川の川辺と一体的に利用できる公共空間の提案が大変魅力的であった。一方で、福祉のまちづくりを考えるうえで、上下移動が生じるゴンドラが本当にベストな移動手段であったのか、疑問が残る。普段と異なる少し高い視点で都市を眺めながらの移動は、来街者にとっては魅力的だが、本提案が目指す「人と人との関係性を紡ぐ空間」を日常的に実現することを考えれば、地上を低速で走行するモビリティでもよかったのかもしれない。

（黒瀬武史）

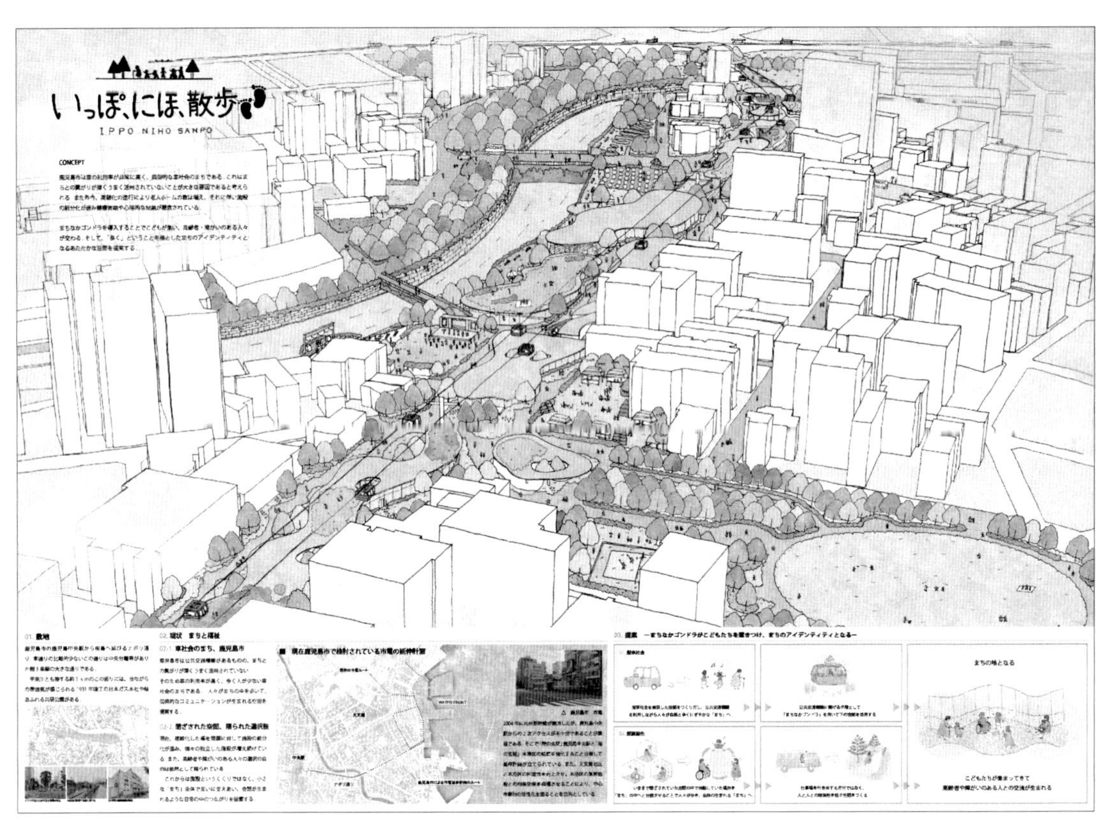

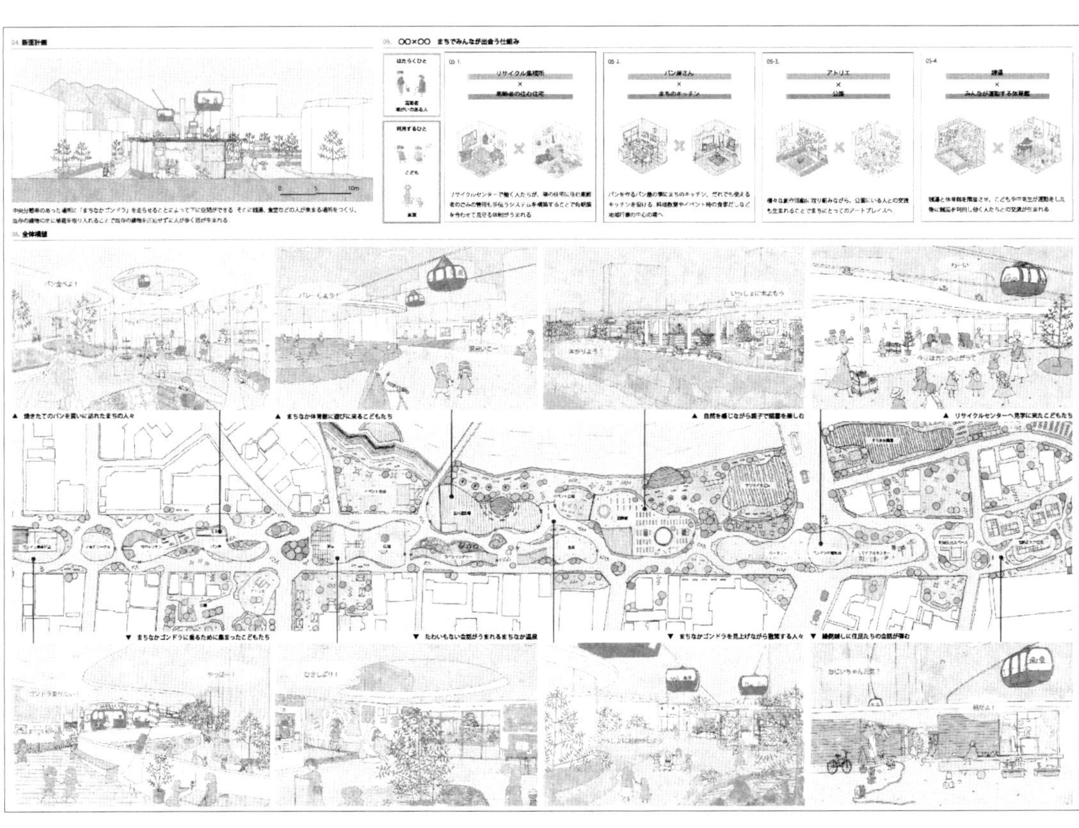

ケアパーク

−公園と一体化した福祉施設から始まる暮らし−

玉木蒼乃　前田隆成
岩田冴
熊本大学

CONCEPT

公園と一体化した福祉施設を設計する。本提案では、あえて街に隣接させず公園の中央に施設を設け、公園が施設や街の大きな庭となるよう計画する。分厚い壁は、一般的には社会と隔絶されている福祉施設の生活を内包し、普段は意識されることのない福祉の現場の日常に公園を訪れる感覚で触れあい、互いの日常をより豊かにする。福祉施設の高齢者を「白」、公園や人々を「木」として、互いが混じり合うことを象徴した建築の提案。

支部講評

老若男女の憩いの場である「公園」の中に高齢者福祉施設を設けて、高齢者がペットとの生活を継続でき、自然や人々との関わりを失うことなく、必要な介護サービスを受けながら、豊かに暮らせることが想起できる提案である。公の場である公園を特定の施設で占拠してしまうことに批判的な意見もあったが、生活弱者であり人生の先輩である高齢者の元に集まる「公の園」として提案していることに、むしろ感銘を受けた。一見すると過剰な造形デザインに見えなくもないが、アイレベルで見ると、水平・垂直にカーブを描いている空間は、公園という環境に馴染んでいるように見え、通り抜けの通路は公園の一部と考えると占有面積もそれほど大きくもないと思う。

（矢作昌生）

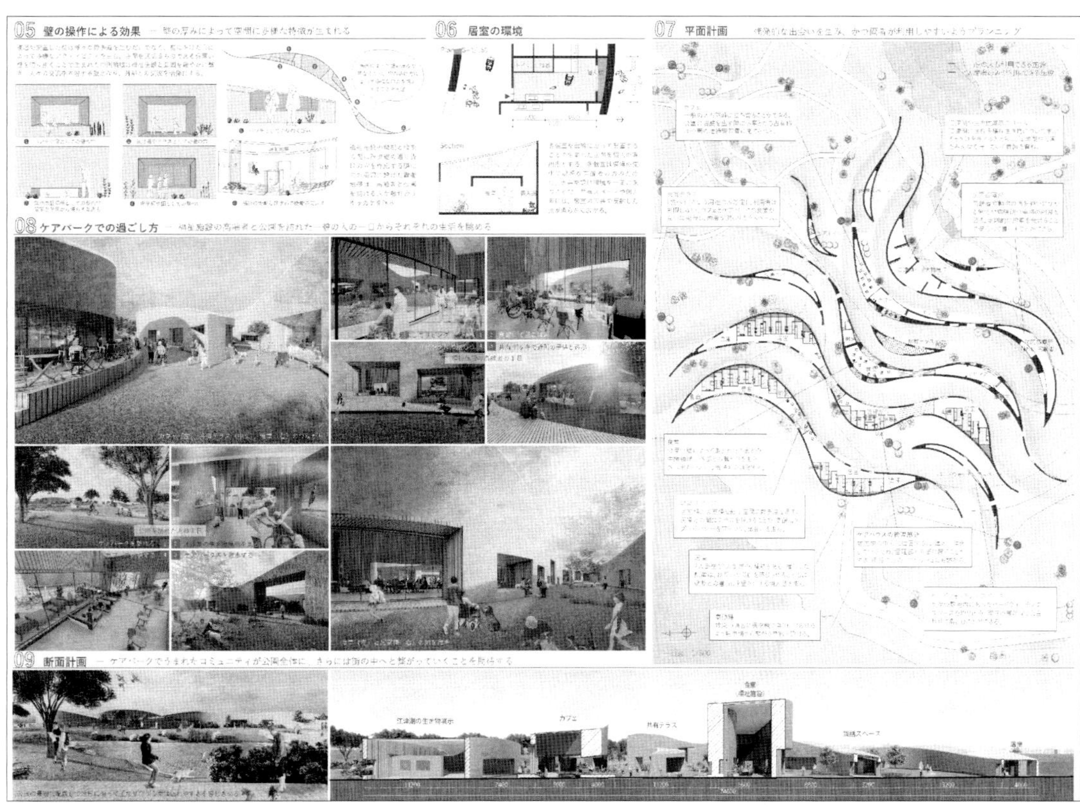

大棚銭湯福祉拠点計画

ー日常的行為からまちに広がる福祉形態の提案ー

井上泰地　坂本慶太
三宅真由佳
京都大学

CONCEPT

高齢化を迎えつつある日本において、その傾向が顕著である離島の介護は多くの問題を抱えている。本提案は、奄美大島に位置する集落を対象にした介護施設の小規模化、分散化である。消えつつある伝統を残しながら、銭湯と生業を中心とした習慣に着目し、高齢者が人生の最後まで「自分らしく」生きることができる福祉を核とした集落再生を計画した。この軸に沿い、観光、人材確保など集落で独立して成長できるシステムを構築する。

支部講評

鹿児島県大和村大棚集落を対象に、集落全体で介護を受け入れる提案である。福祉・生活・観光の移動動線の提案も同時に行われており、高齢化が進む集落全体のリ・デザインが魅力的である。新規に建築する福祉拠点を軸に、丁寧な運営システムや福祉施設の検討が評価された。綿密に計画された平面計画だけに、どのような外観なのか、全体のデザイン提案が気になった。

（宮原真美子）

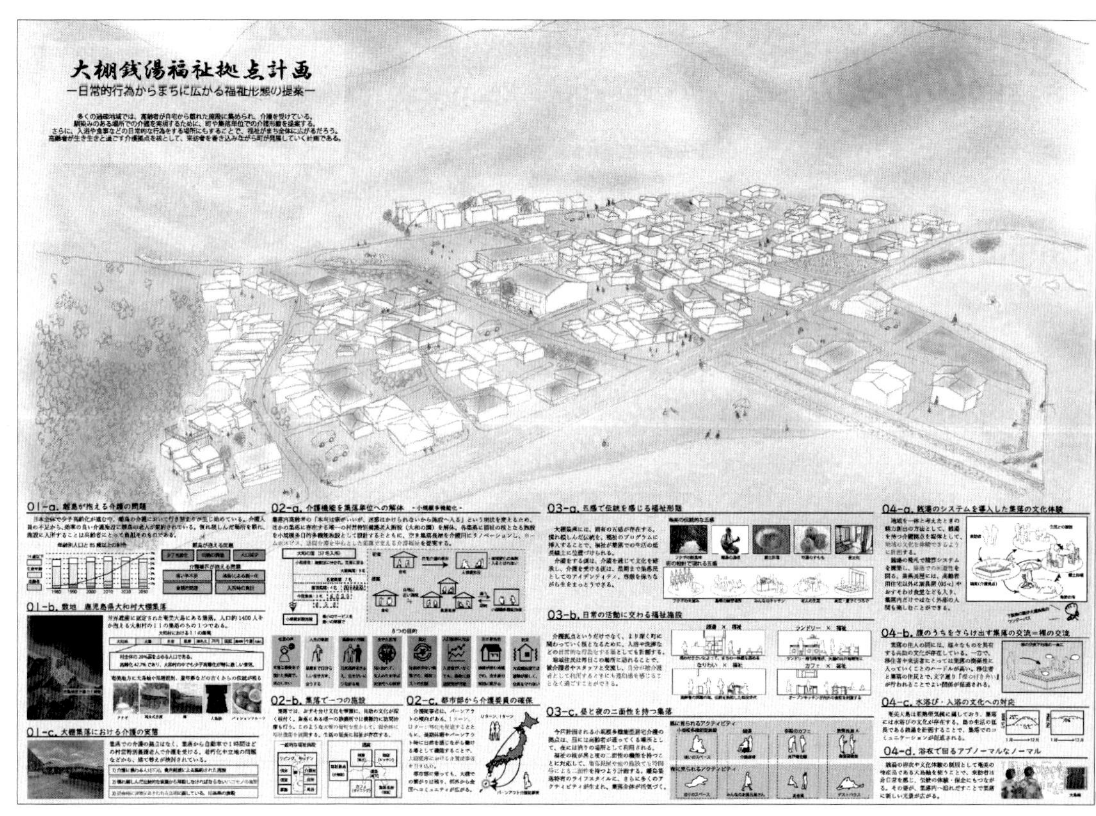

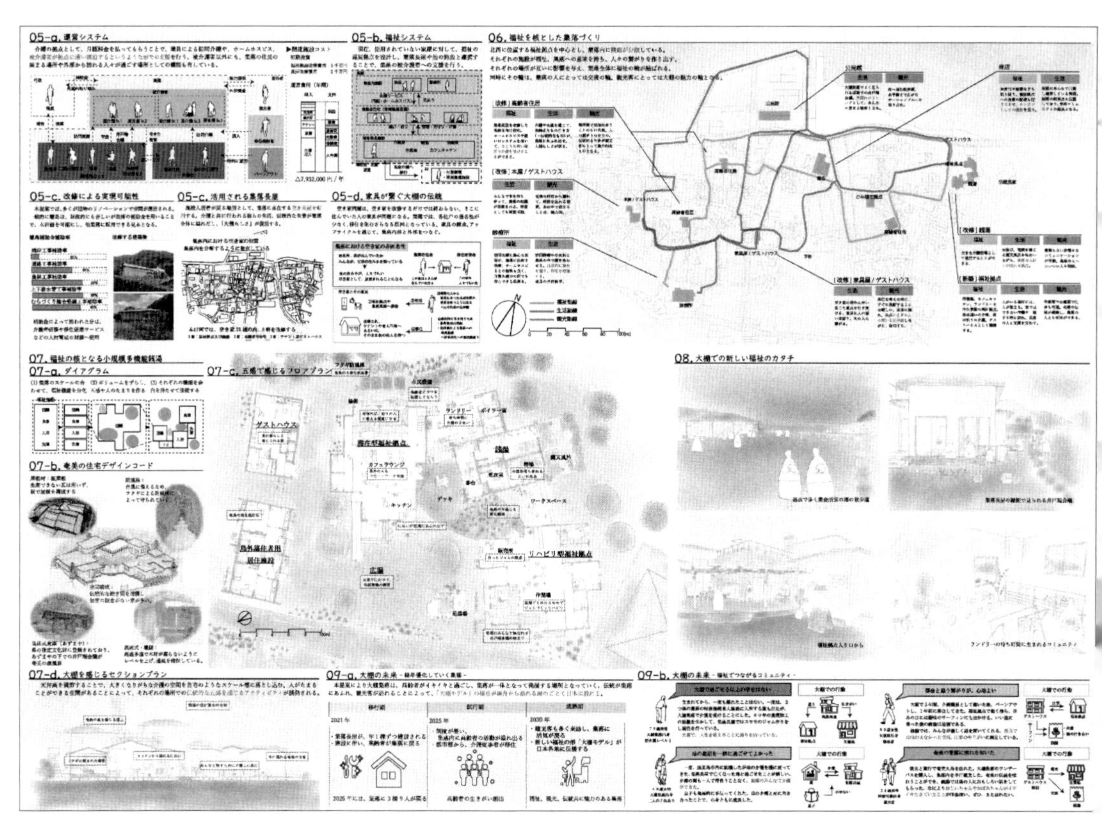

Palette Buildings

ービル間ににじむ福祉とまちー

藤田真衣　大井美緒
山本航
熊本大学

CONCEPT

高齢化や共働き家庭が増える中で市街地のビルの一角を福祉施設として活用するニーズが高まっているが、それらの施設は低層の施設より、さらに閉鎖的である。そこで中層の建築の空きテナントに福祉施設を挿入し、ビルとビルの間の隙間に、福祉施設やその他のテナントの機能が滲みだし、交じり合う人々のパレットのような空間を建築する。これまでビルの中で閉鎖的であった各施設同士は新たな触発を生み、一つのまちをつくりだす。

支部講評

既存の２本の商業ビルの２、３、６階にデイサービスを配置し、その中間のビル内のさまざまなショップを緩やかなスロープでつなぐ明快な提案である。中央のスロープ空間が、デイサービスとカフェ、ショップ、認定こども園など異なる機能をつなげ、また構造となる大壁は、断面的には上下階の視覚的なつながりを仕掛け、平面的にはゆるやかに領域を生み、それぞれの機能の表出を誘導する。提案の建物で上下階の移動をどう考えているのかなど読み取りきれない部分もあったが、既存の商業ビルを生かした都市的な提案が評価された。

（宮原真美子）

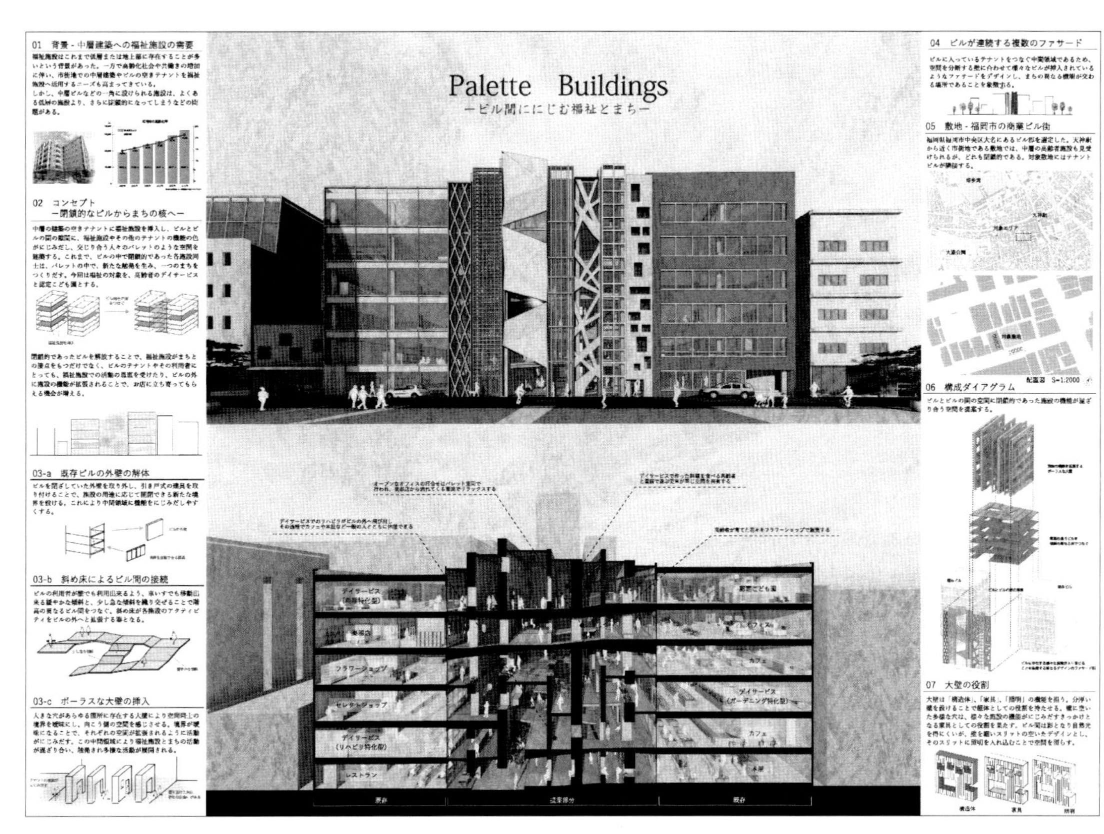

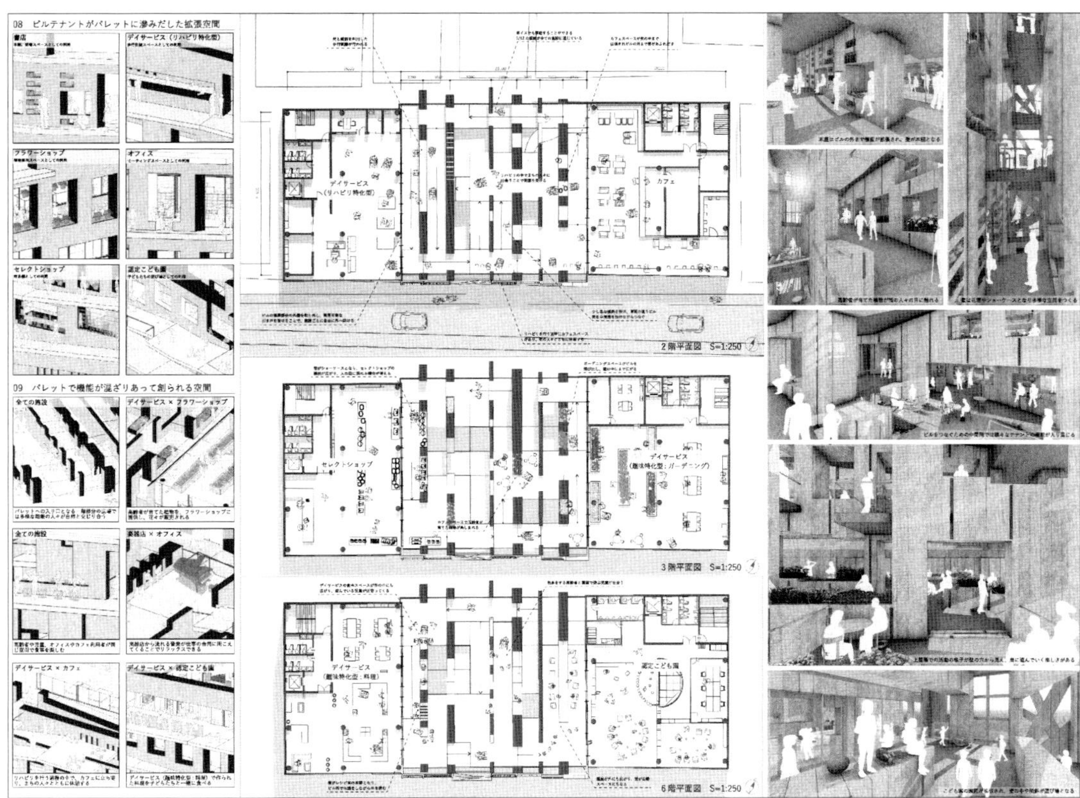

えきじかん

無人駅に機能を分散させたデイサービス施設の提案

村木悠乃　末永美帆
川端巧己
熊本大学

CONCEPT

熊本南部に属するくま川鉄道は多くの無人駅で構成されており、駅の利用者の大半は現地の学生である。そこで無人駅ごとにデイサービスの機能を分散させ、まちの全体を取り囲むような施設を提案する。分散された機能に加え、駅利用者にとっては駅ごとに目的の変化するコミュニティ施設となり、デイサービス利用者は鉄道を利用しながら建築をめぐることで、一日の時間や景色の変化を強く感じさせる。

支部講評

通常、デイサービスのお迎えのバスで目的地に運ばれるだけの高齢者の移動空間を、「4つの無人駅＋列車」に置き換えた着眼点がユニークな提案である。利用者の多くが通学目的の高校生であることを捉え、車内の自然な多世代交流の光景も微笑ましい。移動することによって変わる周囲環境を取り込むなど建築のかたちにもう一提案ほしかったなどの意見もあったが、こんなデイサービスがあったら、楽しいだろうなと思わせる企画力が評価された。

（宮原真美子）

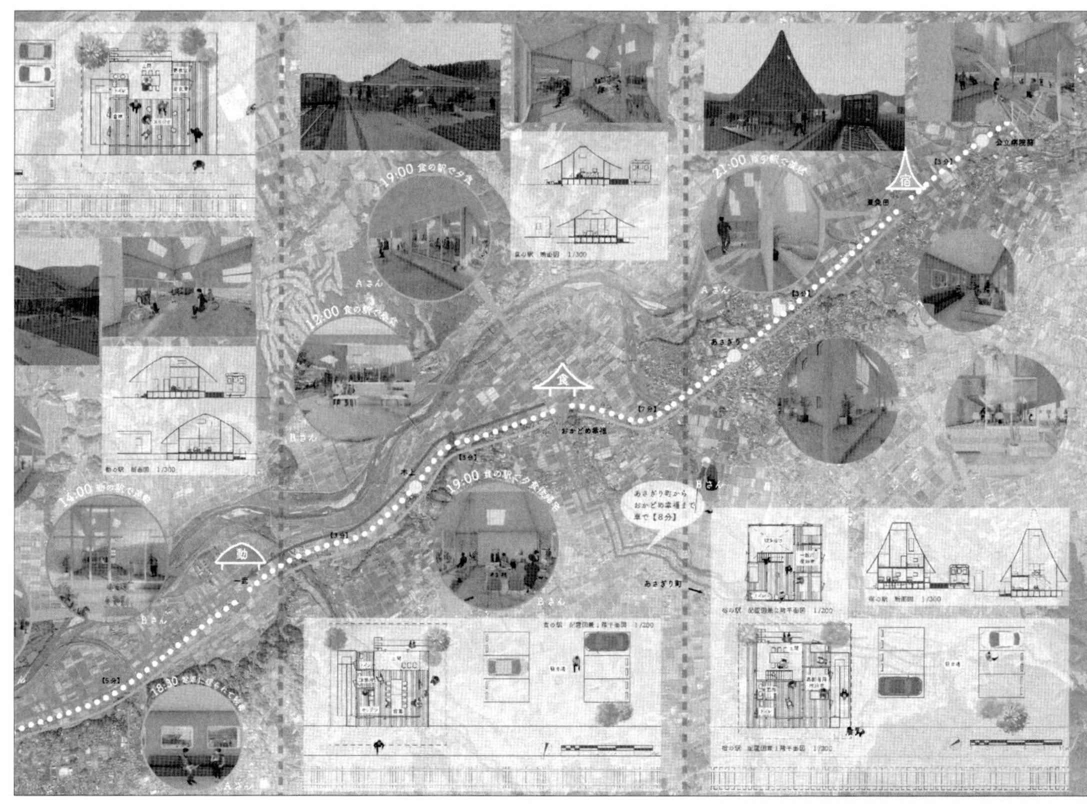

支部入選

都市を滲ますアウトサイダー

青戸優二　田口正法
江村進太郎
熊本大学

CONCEPT

障がい者や市民アーティストなど、「アウトサイダー」のためのアトリエと都市との接点としてのギャラリーをもつアート複合施設を提案する。「拠り所としての境界」にアウトサイダーの日常がアートとして滲みだし、都市における「生きづらさという境界」を滲ます。アートを通して新たな関係性を生み出すアウトサイダーたちの実践によって、都市や人々、まちづくりのあらゆる境界を淡く滲ます。

支部講評

障がい者・市民アーティスト・街を行き来する人たちが程よい距離を保ちつつ交わり合っていく仕掛けとして、作品の滲み出し、半透明、中間領域の概念を路地のスケール感の中で秀逸に組み立て、個別のシーンを説得力のある具体的なイメージで提案している。ひとつの素材や断面構成だけではアウトサイダー作家・作品が没個性化するジレンマを同時に克服していく必要があるが、障がいの程度に応じたレイヤの距離感、市民アーティストと来街者との多彩な関係の構築にはまだ多くの可能性が残っている。永い時間をかけてその関係に動的な変化を生じさせ、個性発現の持続性を獲得していく将来のストーリーに豊かさをもつ提案である。

（前田哲）

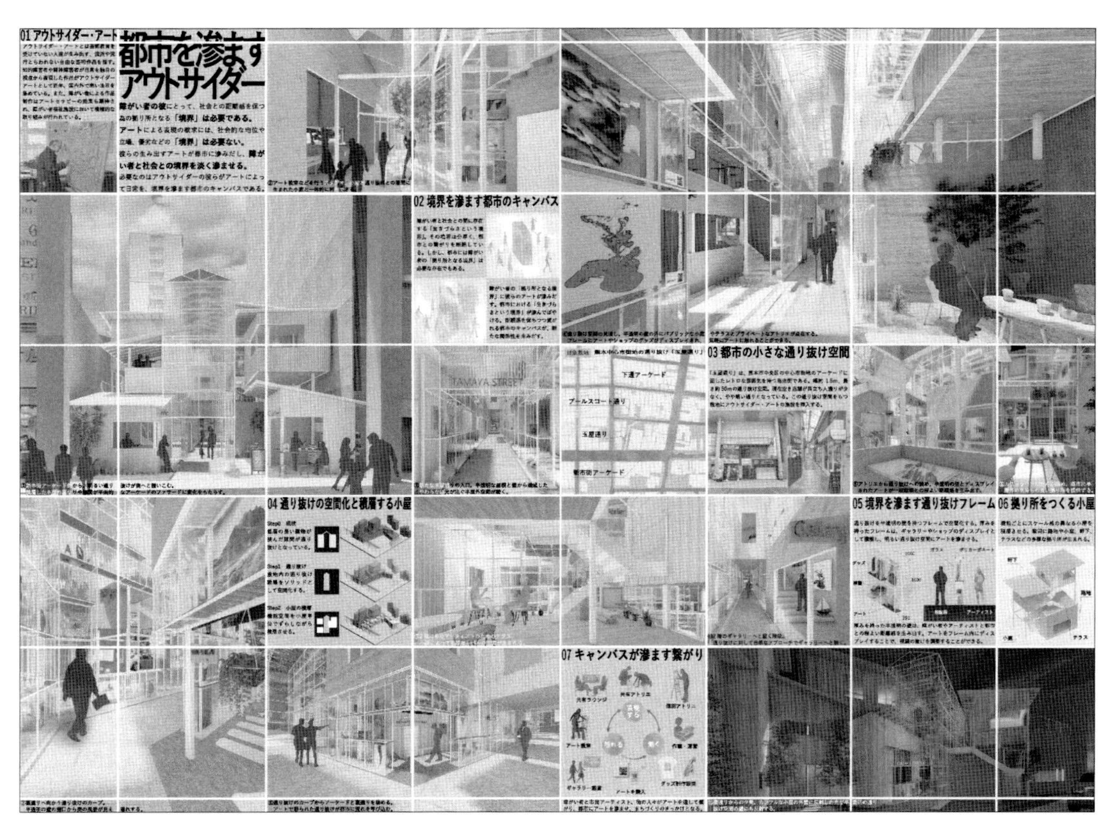

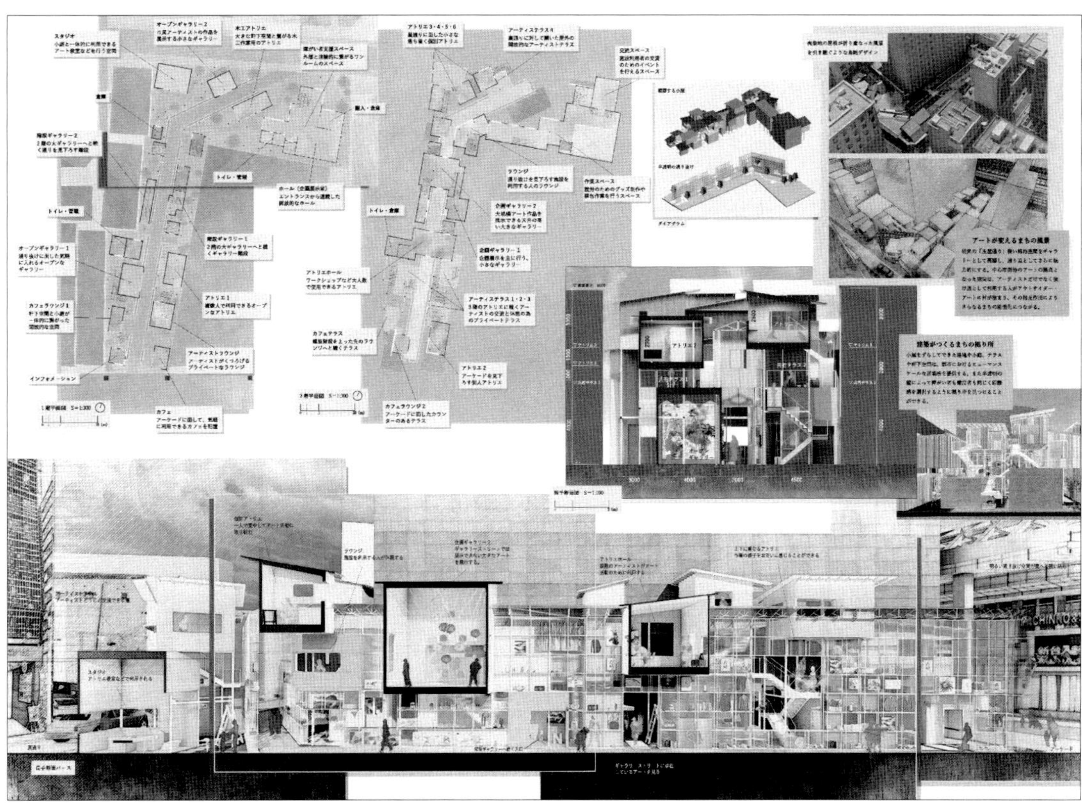

支部入選

社会を纏う

宮里稔也
本田勇翔
熊本大学

CONCEPT

現在、障がい者支援施設は地域社会と分断され、プログラムにしばられた収容型施設が数多く存在する。また、商店街の多くはシャッター街化しただけの通り道となっている。これらを踏まえ、「小さな社会」に纏われた障がい者支援施設を提案する。小さな社会で支援施設を纏うことで、分断されていた市民と障がい者が寄り添い、新たなコミュニティが生まれる。 このコミュニティが商店街、まちへと伝播し、新たなまちづくりの核となる。

支部講評

施設と名付けられた場所を有する福祉組織の多くは、その効率化により、自然と大規模化し、細やかな配慮が整えられたサポートを提供するのが難しい状況が生み出されている。本提案は、そのような状況に対して、「小さな社会」と呼ばれる小コミュニティによる福祉支援環境を提案している。その小コミュニティがさらに寄り添い集まることにより、さらに上位のコミュニティを構成し、その全体が商店街という大きな社会的枠組みとつながりを有して、新しいスタイルの福祉事業が成立すると考えており、そのことが、建築的造形としてそのまま表現され、これまでにない建築的提案がなされている点が評価された。

(西村謙司)

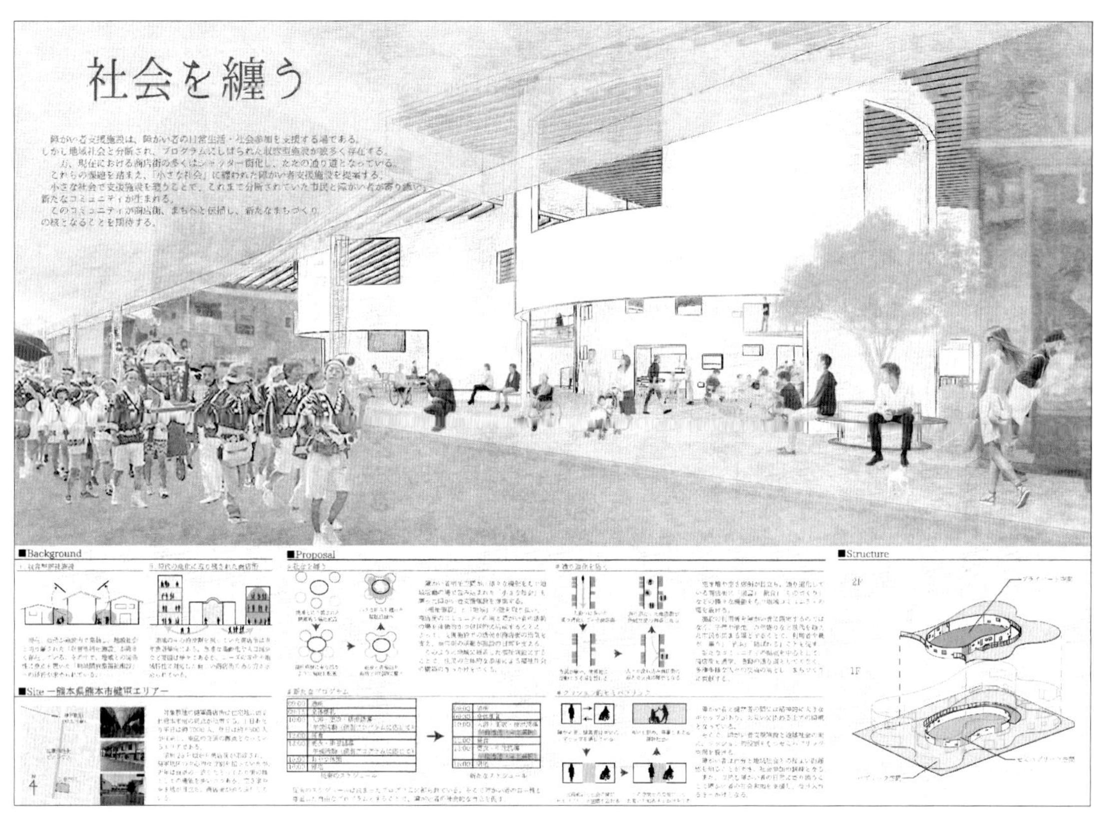

内助の功、内縁の斜

築瀬雄己
舛友飛斗
熊本大学

CONCEPT

福祉の高水準化をもたらしたのは施設集約化・高密化であり、閉鎖性や地域福祉衰退の原因となっている。本提案では崎津集落における"コミュニティナース"の活動を促すため、既存の未利用地に対し、鉄骨フレームで持続可能な拠点を作りながら傾斜空間を挿入し、地域住民のつながりを再構築する地域交流拠点を提案する。まち全体の機能に必ず頼りながら相対的な福祉水準を高めることで、まちづくりに福祉の種を植える。

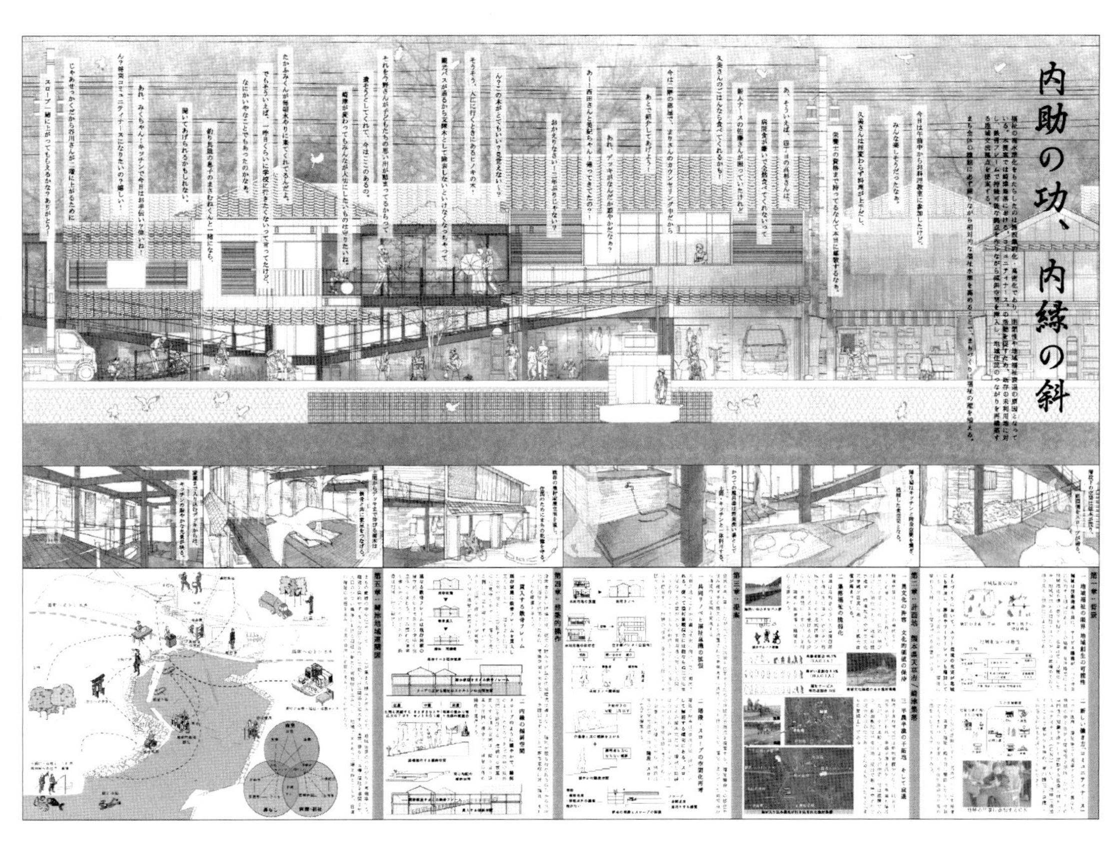

支部講評

半農半漁によって生計を営んできたが、現在は高齢化した「崎津集落」の集住地における地域福祉の可能性を拓く提案である。地域の人々のみならず、その住まいである木造家屋の高齢化が進んだ集落の中で、仕事を共有しながら共同生活を営んできたがゆえに機能しうる可能性を有した「コミュニティナース」制度を取り入れた地域福祉の実現を図っている。その対応策として、脆弱で高齢化した木造家屋を構造的に補強する鉄骨フレームの枠組みがそのまま地域福祉の中心となるべく、斜路によるコミュニティ空間を計画すると共に、木造家屋内にリノベートされた階層的に構築された共有空間と斜路を結びつけながら、ダイナミックな福祉空間を提案している点が評価された。

（西村謙司）

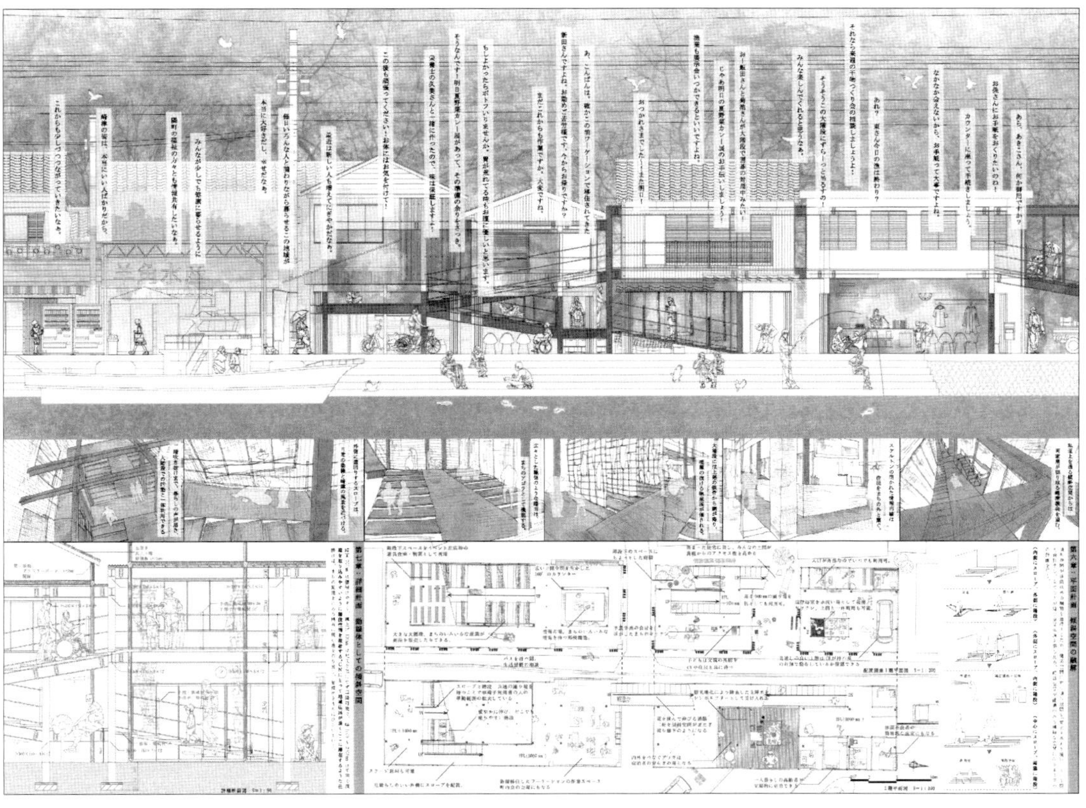

緑ガ環の暮らし
−都市と農村を往還する流域共同体−

有冨魁　長野永太郎　山内将暉
中西涼太　柳田健登
日本文理大学

CONCEPT

国東市荒木川流域では福祉の現場によってため池の管理や耕作放棄地の再生に取り組み、地域個性を生かした地縁による支え合いによって生活がなされている。
そこで地形的特徴である河川による線的つながりを生かし、福祉による支え合いを機縁とした流域共同体の構想によるまちづくりを提案する。
都市や建築を流域の範囲で捉え直し、そこで生きる人々の水の巡りがもたらす人と人、人と自然の支え合いの環を再び構築することを試みた。

支部講評

古くから続くため池づくりの連携によって、水田耕作による農業が可能となった歴史をもつ地域に、「障がい者福祉施設」、「高齢者福祉施設」、「シルバー人材拠点」を設け、豊かな自然環境の中で、流域共同体をつくり、互いに支え合いながら生活することが描かれている。地域住民に委ねた「支え合い」は実際には難しい面が多いが、地縁が深い方々の間では可能だと思われる（そう信じたい）。この提案の一番の魅力は、住み慣れた場所で、稲穂の成長など自然の変化を日常で感じながら、そこに季節の変化に応じたライフサイクルが完結されていることである。都市との連携について、もう少し積極的な提案があるともっとよい作品となったであろう。

（矢作昌生）

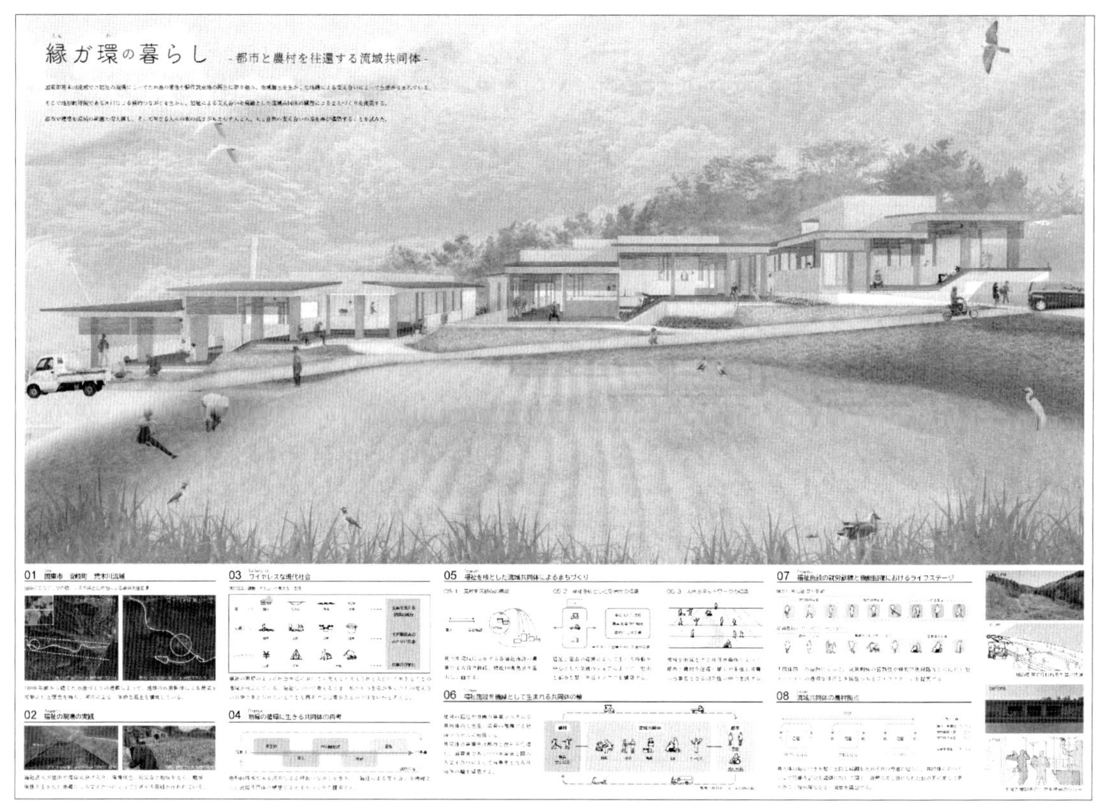

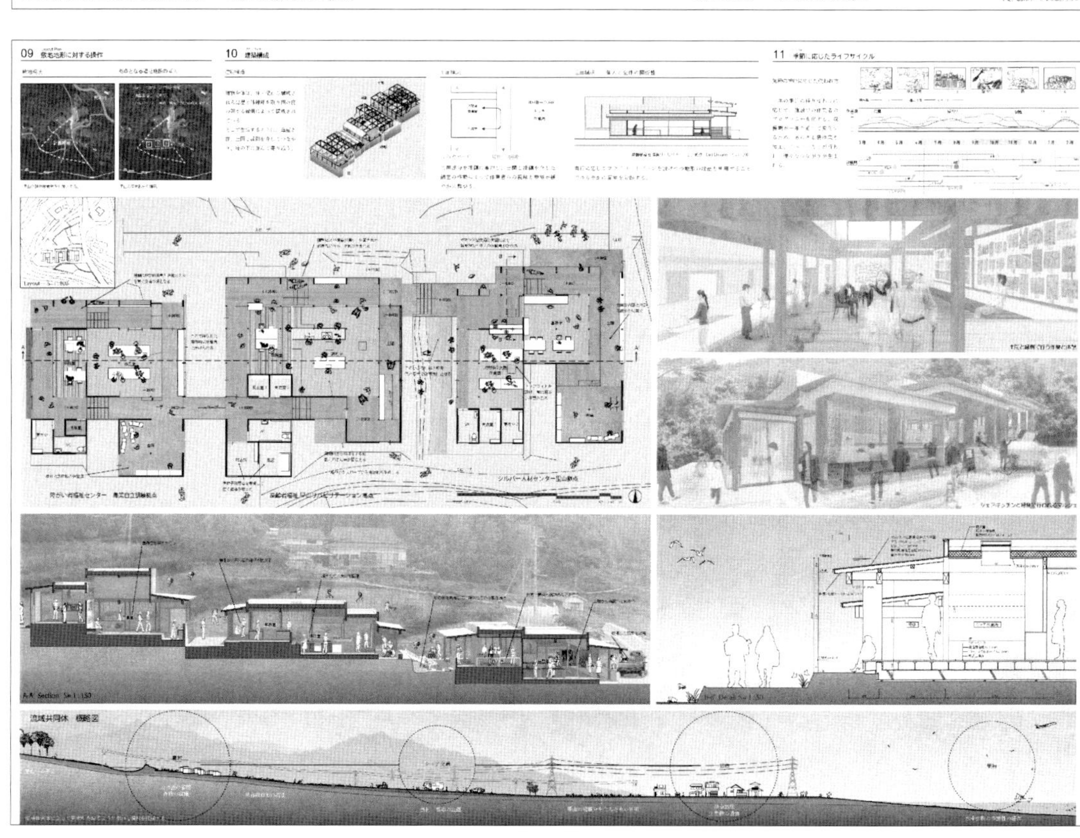

2021年度　支部共通事業　日本建築学会設計競技

応募要項

［課題］まちづくりの核として福祉を考える

〈主催〉　日本建築学会

〈後援〉　日本建設業連合会
日本建築家協会
日本建築士会連合会
日本建築士事務所協会連合会

〈主旨〉

福祉の現場とは、当たり前のことが困難な方々が当たり前の時間をすごせることを目指して多様な努力が払われる場所だと思う。

居住系や通所系のサービスでは、身体を含む全ての障がい者の方々の日常生活がサポートされ、知的や精神の障がいを対象とした福祉の現場では、日常生活だけでなく社会生活がサポートされる事例も多く存在する。サポートには多様な工夫が見られる。例えば、高齢者福祉の現場では、施設を子育て支援などの事業と組み合わせることにより、施設としての閉鎖性を乗り越えようとする試みがみられる。知的・精神に対する福祉の現場では、廃業した農家の代わりに耕作放棄地を耕すことや、経営的に成り立たせることが難しいゴミの分別業務を就労支援の現場にするなど、誇りを感じる仕事づくりがまちづくりの一助となるような試みもある。

福祉を語る言葉にノーマライゼーションというものがあるが、現場における多様な試みから見えてくるのは、ノーマル=日常というものが健常者の日常をなぞらえるものとしてあるのではなく、より積極的な意味付けとともに実践されていることである。その活動は、もしかしたら私たち健常者の日常以上にいきいきとしたものになっているかもしれない。実際に、福祉施設らしい実践をとおして、周辺のまちづくりに参加するような動きも多くみられるようになっている。つまり、福祉施設が実践するノーマル=日常をきっかけとして、まちづくりがひろがりつつあるようである。

まちづくりの核として福祉の現場を捉えてみてほしい。福祉の対象や、そこでの日常や社会生活の実践を自らで設定する必要があるだろう。そして、それらの実践に都市や建築がどのように関連できうるのかを検討してほしい。

（審査委員長　乾 久美子）

〈応募規程〉

A．課題

まちづくりの核として福祉を考える

B．条件

実在の場所（計画対象）を設定すること。

C．応募資格

本会個人会員（準会員を含む）、または会員のみで構成するグループとする。なお、同一代表名で複数の応募をすることはできない。

※未入会の場合は、2021年4月19日（月）までに入会手続きを完了すること。（応募期間と異なるためご注意ください。）

※未入会者、2021年度会費未納者ならびにその該当者が含まれるグループの応募は受け付けない。応募時までに完納すること。（手続き完了まで1週間程度を要するため、お早めにご対応ください。）

D．提出物

下記３点を提出すること。

a．計画案のPDFファイル

以下の①～④をA2サイズ（420×594㎜）2枚に収めた後、A3サイズ2枚に縮小したPDFファイル。（解像度は350dpiを保持し、容量は合計20MB以内とする。PDFファイルは1枚目が1ページ目、2枚目が2ページ目となるように作成する。A2サイズ1枚にはまとめないこと。）模型写真等を自由に組み合わせ、わかりやすく表現すること。

① 設計主旨（文字サイズは10ポイント以上とし、600字以内の文章にまとめる）
② 計画条件・計画対象の現状（図や写真等を用いてよい）
③ 配置図、平面図、断面図、立面図、透視図（縮尺明記のこと）
④ まちづくりに関係する提案を示すもの

b．作品名および設計主旨のWordファイル

「a．計画案のPDFファイル」に記載した作品名と設計主旨の要約（200字以内とし、図表や写真等は除く）をA4サイズ1枚に収めたWordファイル。なお、容量は20MB以内とする。

c．顔写真のJPGファイル

横4cm×縦3cm以内で、共同制作者を含む全員の顔が写っているもの1枚に限る。なお、容量は20MB以内とする。

※提出物は、入選後に刊行される『2021年度日本建築学会設計競技優秀作品集』（技報堂出版）および『建築雑誌』の入選作品紹介の原稿として使用します。

E．注意事項

①今回より、応募方法がWeb応募に変更となりました。募集ページに掲載する「応募サイト」上での応募者情報の入力および提出物のデータ送信をもって応募となります。締切後の訂正は一切できず、提出物のメール添付やCD-R等での郵送、持参は受け付けません。※詳細は「F.応募方法」および募集ページ参照。
②応募要領の公開後に生じた変更事項や最新情報については、随時募集ページ上に掲載します。実際に応募する前に確認してください。
③「D.提出物」には、氏名・所属などの応募者が特定できる情報を記載してはいけません。なお、提出物は返却いたしません。
④応募作品は、未公開で未発表の応募者自身によるオリジナル作品であること。他の設計競技等へ過去に応募した作品や現在応募中の作品（二重応募）は応募できません。
⑤応募作品は、全国二次審査会が終了するまで、あらゆる媒体での公開や発表を禁じます。
⑥応募要領に違反した場合は受賞を取り消す場合があります。
⑦新型コロナウイルス感染症等の影響により、全国二次審査会の開催方法等を変更する場合があります。

F．応募方法

①以下の募集ページへ掲載する「応募サイト」よりご応募ください。なお、「応募サイト」にて、計画対象の所在地に応じてその

地域を所轄する本会各支部を選択いただきます。例えば、関東支部所属の応募者が東北支部所轄地域内に場所を設定した場合は、東北支部を選択してください。海外に場所を設定した場合は、応募者が所属する支部を選択してください。

本会各支部の所轄地域は、「J.問合せ」②をご参照ください。

募集ページ：
https://www.aij.or.jp/event/detail.html?productId=637515

②応募期間

2021年5月14日（金）～6月14日（月）17:00（厳守）

G. 審査方法

①支部審査

応募作品を支部ごとに審査し、応募数が15件以下は応募数の1/3程度、16～20件は5件を支部入選とする。また、応募数が20件を超える分は、5件の支部入選作品に支部審査委員の判断により、応募数5件ごと（端数は切り上げ）に対し1件を加えた件数を上限として支部入選とする。

②全国審査

支部入選作品をさらに本部に集め全国審査を行い、「H.賞および審査結果の公表等」の全国入選作品を選出する。

1）**全国一次審査会（非公開）**

全国入選候補作品とタジマ奨励賞の決定。

2）**全国二次審査会（公開）**※オンライン開催を予定。詳細未定。

全国入選候補者によるプレゼンテーションを実施し、その後に最終審査を行い、各賞と佳作を決定する。代理によるプレゼンテーションは認めない。なお、タジマ奨励賞のプレゼンテーションは行わない。

日時（予定）：2021年9月15日（水）
13：00～17：00

③審査員（敬称略順不同）

〈全国審査員〉

委員長

乾　久美子（横浜国立大学大学院Y-GSA教授、乾久美子建築設計事務所取締役）

委　員

金野　千恵（teco主宰）
佐藤　淳哉（長岡造形大学教授）
末光　弘和（九州大学准教授）
仲　俊治（仲建築設計スタジオ代表取締役）
林　立也（千葉大学准教授）
松田　貢治（三菱地所設計TOKYO TORCH設計室長）

〈支部審査員〉

●北海道支部

赤坂真一郎（アカサカシンイチロウアトリエ代表取締役）
小西　彦仁（ヒココニシアーキテクチュア代表取締役）
久野　浩志（久野浩志建築設計事務所代表）
山田　良（札幌市立大学教授）
山之内裕一（山之内建築研究所代表）

●東北支部

齋藤　和哉（齋藤和哉建築設計事務所代表取締役）
手島　浩之（都市建築設計集団/UAPP代表取締役）
畠山　雄豪（東北工業大学准教授）
平岡　善浩（宮城大学教授）
増田　聡（東北大学教授）

●関東支部

雨宮　知彦（ラーバンデザインオフィス合同会社代表）
小林　一文（石本建築事務所設計監理部門建築グループ統括部長）
篠原　勲（miCo.共同主宰）
西田　司（東京理科大学准教授、オンデザインパートナーズ代表）
渡辺　猛（佐藤総合計画第3設計室第1オフィス第1設計室室長）

●東海支部

小野寺一成（三重短期大学教授）
佐々木勝敏（佐々木勝敏建築設計事務所代表）
塩田　有紀（塩田有紀建築設計事務所代表）
夏目　欣昇（名古屋工業大学准教授）
米澤　隆（大同大学准教授）

●北陸支部

清水　俊貴（福井工業大学准教授）
菅野　圭祐（金沢工業大学講師）
西村　伸也（新潟大学名誉教授）
萩野紀一郎（富山大学准教授）
梅干野成央（信州大学准教授）
横山　天心（富山大学准教授）

●近畿支部

奥田　英雄（大林組大阪本店建築設計部部長）
喜多　主税（日建設計設計部門ダイレクター）
南浦　琢磨（安井建築設計事務所大阪事務所設計部部長）
柳沢　究（京都大学准教授）
吉岡　聡司（大阪大学准教授）

●中国支部

岡松　道雄（山口大学教授）
小川　晋一（近畿大学教授）
中薗　哲也（広島大学准教授）
原　浩二（原浩二建築設計事務所所長）
前田　圭介（広島工業大学教授）
向山　徹（岡山県立大学教授）

●四国支部

大西　泰弘（田園都市設計代表取締役）
徳弘　忠純（徳弘・松澤建築事務所主宰）
中川　俊博（中川建築デザイン室代表取締役）
二宮　一平（二宮一平建築設計事務所所長）

●九州支部

黒瀬　武史（九州大学教授）
西村　謙司（日本文理大学教授）
前田　哲（日本設計チーフアーキテクト）
矢作　昌生（九州産業大学教授）
宮原真美子（佐賀大学准教授）

H. 賞および審査結果の公表等

①賞

1）支部入選：支部長より賞状および賞牌を贈る（ただし、全国入選者・タジマ奨励賞は除く）。

2）全国入選：次のとおりとする（合計12件以内）。

●最優秀賞：2件以内
賞状・賞牌・賞金（計100万円）

●優　秀　賞：数件
賞状・賞牌・賞金（各10万円）

●佳　　作：数件
賞状・賞牌・賞金（各5万円）

3）タジマ奨励賞：タジマ建築教育振興基金により、支部入選作品の中から、準会員の個人またはグループを対象に授与する（10件以内）。
賞状・賞牌・賞金（各10万円）

②審査結果の公表等

- 支部審査の結果：各支部より応募者に通知（7月15日以降予定）
- 全国審査およびタジマ奨励賞の結果：本部より全国一次審査結果を支部入選者に通知（8月上旬）
- 全国入選作品・審査講評：『建築雑誌』ならびに本会Webサイトに掲載

I．著作権

入選作品の著作権は、入選者に帰属する。ただし、本会および本会が委託したものが、この事業の主旨に則して入選作品を『建築雑誌』または本会Webサイトへの掲載、紙媒体出版物（オンデマンド出版を含む）および電子出版物（インターネット等を利用し公衆に送信することを含む）、展示などでの公表等に用いる場合、入選者は無償でその使用を認めることとする。

J．問合せ

①応募サイトに関する問合せ

日本建築学会支部共通設計競技電子応募受付係
TEL.03-3456-2050
E-mail sskoubo@aij.or.jp

②その他の問合せ、各支部事務局一覧[計画対象地域]

日本建築学会北海道支部
［北海道］
TEL.011-219-0702
E-mail aij-hkd@themis.ocn.ne.jp

日本建築学会東北支部
［青森、岩手、宮城、秋田、山形、福島］
TEL.022-265-3404
E-mail aij-tohoku@mth.biglobe.ne.jp

日本建築学会関東支部
［茨城、栃木、群馬、埼玉、千葉、東京、神奈川、山梨］
TEL.03-3456-2050
E-mail kanto@aij.or.jp

日本建築学会東海支部
［静岡、岐阜、愛知、三重］
TEL.052-201-3088
E-mail tokai-sibu@aij.or.jp

日本建築学会北陸支部
［新潟、富山、石川、福井、長野］
TEL.076-220-5566
E-mail aij-h@p2222.nsk.ne.jp

日本建築学会近畿支部
［滋賀、京都、大阪、兵庫、奈良、和歌山］
TEL.06-6443-0538
E-mail aij-kinki@kfd.biglobe.ne.jp

日本建築学会中国支部
［鳥取、島根、岡山、広島、山口］
TEL.082-243-6605
E-mail chugoku@aij.or.jp

日本建築学会四国支部
［徳島、香川、愛媛、高知］
TEL.0887-53-4858
E-mail aijsc@kochi-tech.ac.jp

日本建築学会九州支部
［福岡、佐賀、長崎、熊本、大分、宮崎、鹿児島、沖縄］
TEL.092-406-2416
E-mail kyushu@aij.or.jp

【優秀作品集について】

全国入選・支部入選作品は『日本建築学会設計競技優秀作品集』（技報堂出版）に収録し刊行されます。過去の作品集も、設計の参考としてご活用ください。

<過去5年の課題>

・2020年度
「外との新しいつながりをもった住まい」

・2019年度
「ダンチを再考する」

・2018年度
「住宅に住む、そしてそこで稼ぐ」

・2017年度
「地域の素材から立ち現れる建築」

・2016年度
「残余空間に発見する建築」

<詳細・販売>

技報堂出版　http：//gihodobooks.jp/

2021年度設計競技

入選者・応募数一覧

■全国入選者一覧

賞	会員	代表	制作者	所属	支部
最優秀賞	正会員	○	大貫　友瑞	東京藝術大学	関東
	〃		山内　康生	東京理科大学	
	〃		王　子潔	東京理科大学	
	準会員		近藤　舞	東京理科大学	
	正会員		恒川　紘和	東京理科大学	
最優秀賞 タジマ奨励賞	準会員	○	林　凌大	愛知工業大学	東海
	〃		西尾　龍人	愛知工業大学	
	〃		杉本　玲音	愛知工業大学	
	〃		石原　未悠	愛知工業大学	
優秀賞	正会員	○	熊谷　拓也	日本大学	東北
	〃		中川　晃都	日本大学	
	〃		岩崎　琢朗	日本大学	
優秀賞	正会員	○	江畑　隼也	坂東幸輔建築設計事務所	北陸
優秀賞	正会員	○	上村　理奈	熊本大学	九州
	〃		大本　裕也	熊本大学	
	〃		Tsogtsaikhan Tengisbold	熊本大学	
優秀賞	正会員	○	福島　早瑛	熊本大学	九州
	〃		菅野　祥	熊本大学	
	〃		Zaki Aqila	熊本大学	
佳作	正会員	○	坪内　健	北海道大学	北海道
	〃		岩佐　樹	北海道大学	
	〃		中島　佑太	北海道大学	
佳作 タジマ奨励賞	準会員	○	守屋　華那歩	愛知工業大学	東北
	〃		五十嵐　翔	愛知工業大学	
	〃		山口　こころ	愛知工業大学	
佳作	正会員	○	山本　晃城	大阪工業大学	近畿
	正会員		福本　純也	大阪工業大学	
	準会員		小林　美穂	大阪工業大学	
	〃		亀山　拓海	大阪工業大学	
	〃		信木　嶺吾	大阪工業大学	
	〃		河野　仁哉	大阪工業大学	
佳作 タジマ奨励賞	準会員	○	若槻　瑠実	広島大学	近畿
	〃		中野　瑞希	広島大学	
佳作	正会員	○	鈴木　滉一	神戸大学	中国
	〃		生田　海斗	京都工芸繊維大学	
佳作 タジマ奨励賞	準会員	○	宮地　栄吾	広島工業大学	中国
	〃		片山　萌衣	広島工業大学	
	〃		田村　真那斗	広島工業大学	
	〃		藤巻　太一	広島工業大学	

■タジマ奨励賞入選者一覧

賞	会員	代表	制作者	所属	支部
タジマ奨励賞	準会員	○	永嶋　太一	愛知工業大学	関東
	〃		此島　滉	愛知工業大学	
	〃		水谷　美祐	愛知工業大学	
タジマ奨励賞	準会員	○	伊藤　稚菜	愛知工業大学	関東
	〃		山村　由奈	愛知工業大学	
	〃		市原　佳奈	愛知工業大学	
タジマ奨励賞	準会員	○	河内　駿	愛知工業大学	東海
	〃		一柳　奏匡	愛知工業大学	
	〃		山田　珠莉	愛知工業大学	
	〃		袴田　美弥子	愛知工業大学	
	〃		青山　みずほ	愛知工業大学	
タジマ奨励賞	準会員	○	大藪　聖也	愛知工業大学	東海
	〃		五十嵐　友雅	愛知工業大学	
	〃		出口　文音	愛知工業大学	
タジマ奨励賞	準会員	○	平邑　颯馬	愛知工業大学	東海
	〃		神山　なごみ	愛知工業大学	
	〃		原　悠馬	愛知工業大学	
	〃		赤井　柚果里	愛知工業大学	
タジマ奨励賞	準会員	○	瀬山　華子	熊本大学	九州
	〃		北野　真凜	熊本大学	
	〃		古井　悠介	熊本大学	

■支部別応募数、支部選数、全国選数

支　部	応募数	支部入選	全国入選	タジマ奨励賞
北海道	11	3	佳　　作 1	
東　北	15	5	優 秀 賞 1 佳　　作 1	1
関　東	61	12	最優秀賞 1	2
東　海	49	10	最優秀賞 1	4
北　陸	13	5	優 秀 賞 1	
近　畿	43	9	佳　　作 2	1
中　国	39	7	佳　　作 2	1
四　国	7	1		
九　州	62	13	優 秀 賞 2	1
合　計	300	65	12	10

日本建築学会設計競技

事業概要・沿革

1889(明治22)年、帝室博物館を通じての依頼で「宮城正門やぐら台上銅器の意匠」を募集したのが、本会最初の設計競技である。

はじめて本会が主催で催したものは、1906(明治39)年の「日露戦役記念建築物意匠案懸賞募集」である。

その後しばらく外部からのはたらきかけによるものが催された。

1929(昭和4)年から建築展覧会(第3回)の第2部門として設計競技を設け、若い会員の登竜門とし、1943(昭和18)年を最後に戦局悪化で中止となるまで毎年催された。これが現在の前身となる。

戦後になって支部が全国的に設けられ、1951(昭和26)年に関東支部が催した若い会員向けの設計競技に全国から多数応募があったことがきっかけで、1952(昭和27)年度から本部と支部主催の事業として、会員の設計技能練磨を目的とした設計競技が毎年恒例で催されている。

この設計競技は、第一線で活躍されている建築家が多数入選しており、建築家を目指す若い会員の登竜門として高い評価を得ている。

日本建築学会設計競技／1952年～2020年

課題と入選者一覧

順位	氏　名	所　　属
●1952　防火建築帯に建つ店舗付共同住宅		
1等	伊藤　清	成和建設名古屋支店
2等	工藤隆昭	竹中工務店九州支店
3等	大木康次	郵政省建築部
	広瀬一良	中建築設計事務所
	広谷嘉秋	〃
	梶田　丈	〃
	飯岡重雄	清水建設北陸支店
	三谷昭男	京都府建築部
●1953　公民館		
1等	宮入　保	早稲田大学
2等	柳　真也	早稲田大学
	中田清兵衛	早稲田大学
	桝本　賢	〃
	伊橋戊義	〃
3等	鈴木喜久雄	武蔵工業大学
	山田　篤	愛知県建築部
	船橋　巖	大林組
	西尾武史	〃
●1954　中学校		
1等	小谷喬之助	日本大学
	高橋義明	〃
	右田　宏	〃
2等(1席)	長倉康彦	東京大学
	船越　徹	〃
	太田利彦	〃
	守屋秀夫	〃
	鈴木成文	〃
	筧　和夫	〃
	加藤　勉	〃
(2席)	伊藤幸一	清水建設大阪支店
	稲葉歳明	〃
	木村康彦	〃
	木下晴夫	〃
	讃岐捷一郎	〃
	福井弘明	〃
	宮武保義	〃
	森　正信	〃
	力武利夫	〃
	若野暢三	〃
3等(1席)	相田祐弘	坂倉建築事務所
	桝本　賢	日銀建築部
(2席)	森下祐良	大林組本店
(3席)	三宅隆幸	伊藤建築事務所
	山本晴生	横河工務所
	松原成元	横浜市役所営繕課
●1955　小都市に建つ小病院		
1等	山本俊介	清水建設本社
	高橋精一	〃
	高野重文	〃
	寺本俊彦	〃
	間宮昭朗	〃
2等(1席)	浅香久春	建設省営繕局
	柳沢　保	〃
	小林　彰	〃
	杉浦　進	〃
	高野　隆	〃
	大久保欽之助	〃
	甲木康男	〃
	寺畑秀夫	〃
	中村欽哉	〃
(2席)	野中　卓	野中建築事務所
3等(1席)	桂　久男	東北大学
	坂田　泉	〃
	吉目木幸	〃
	武田　晋	〃
	松本啓俊	〃
	川股重也	〃
	星　達雄	東北大学
(2席)	宇野　茂	鉄道会館技術部
(3席)	稲葉歳明	清水建設大阪支店
	宮武保義	〃
	木下晴雄	〃
	讃岐捷一郎	〃
	福井弘明	〃
	森　正信	〃
●1956　集団住宅の配置計画と共同施設		
入選	磯崎　新	東京大学
	奥平耕造	前川國男建築設計事務所
	川上秀光	東京大学
	冷牟田純二	横浜市役所建築局
	小原　誠	電電公社建築局
	太田隆信	早稲田大学
	藤井博巳	〃
	吉川　浩	〃
	渡辺　満	〃
	岡田新一	東京大学
	土肥博至	〃
	前田尚美	〃
	鎌田恭男	大阪市立大学
	斎藤和夫	〃
	寺内　信	京都工芸繊維大学
●1957　市民体育館		
1等	織田愈史	日建設計工房名古屋事務所
	根津耕一郎	〃
	小野ゆみ子	〃
2等	三橋千悟	渡辺西郷設計事務所
	宮入　保	佐藤武夫設計事務所
	岩井涓一	梓建築事務所
	岡部幸蔵	日建設計名古屋事務所
	鋤納忠治	〃
	高橋　威	〃
3等	磯山　元	松田平田設計事務所
	青木安治	〃
	五十住明	〃
	太田昭三	清水建設九州支店
	大場昌弘	〃
	高田　威	大成建設大阪支店
	深谷浩一	〃
	平田泰次	〃
	美野吉昭	〃
●1958　市民図書館		
1等	佐藤　仁	国会図書館建築部
	栗原嘉一郎	東京大学
2等(1席)	入部敏幸	電電公社建築局
	小原　誠	〃
(2席)	小坂隆次	大阪市建築局
	佐川嘉弘	〃
3等(1席)	溝端利美	鴻池組名古屋支店
(2席)	小玉武司	建設省営繕局
(3席)	青山謙一	潮建築事務所
	山岸文男	〃
	小林美夫	日本大学
	下妻　力	佐藤建築事務所
●1959　高原に建つユース・ホステル		
1等	内藤徹男	大阪市立大学
	多胡　進	〃
	進藤汎海	〃
	富田寛志	奥村組
2等(1席)	保坂陽一郎	芦原建築設計事務所
(2席)	沢田隆夫	芦原建築設計事務所

順位	氏名	所属
3等 (1席)	太田隆信	坂倉建築事務所
(2席)	酒井蔚聿	名古屋工業大学
(3席)	内藤徹男 多胡　進 進藤汎海 富田寛志	大阪市立大学 〃 〃 奥村組

●1960　ドライブインレストラン

順位	氏名	所属
1等	内藤徹男 斎藤英彦 村尾成文	山下寿郎設計事務所 〃 〃
2等 (1席)	小林美夫 若色峰郎	日本大学理 〃
(2席)	太田邦夫	東京大学
3等 (1席)	秋岡武男 竹原八郎 久門勇夫 藤田昌美 溝神宏至朗 結崎東衛	大阪市立大学 〃 〃 〃 〃 〃
(2席)	沢田隆夫	芦原建築設計事務所
(3席)	浅見欣司 小高鎮夫 南迫哲也 野浦　淳	永田建築事務所 白石建築 工学院大学 宮沢・野浦建築事務所

●1961　多層車庫（駐車ビル）

順位	氏名	所属
1等	根津耕一郎 小松崎常夫	東畑建築事務所 〃
2等 (1席)	猪狩達夫 高田光雄 土谷精一	菊竹清訓建築事務所 長沼純一郎建築事務所 住金鋼材
(2席)	上野斌	広瀬鎌二建築設計事務所
3等 (1席)	能勢次郎 中根敏彦	大林組 〃
(2席)	丹田悦雄	日建設計工務
(3席)	千原久史 古賀新吾	文部省施設部福岡工事事務所 〃
(4席)	篠儀久雄 高楠直夫 平内祥夫 坂井勝次郎 伊藤志郎 田坂邦夫 岩渕淳次 桜井洋雄	竹中工務店名古屋支店 〃 〃 〃 〃 〃 〃 〃

●1962　アパート（工業化を目指した）

順位	氏名	所属
1等	大江幸弘 藤田昌美	大阪建築事務所 〃
2等 (1席)	多賀修三	中央鉄骨工事
(2席)	青木　健 桑本　洋 鈴木雅夫 弘永直康 古野　強	九州大学 〃 〃 〃 〃
3等 (1席)	大沢辰夫	日本住宅公団
(2席)	茂木謙悟 柴田弘光 岩尾　襄	九州大学 〃 〃
(3席)	高橋博久	名古屋工業大学

●1963　自然公園に建つ国民宿舎

順位	氏名	所属
1等	八木沢壮一 戸口靖夫 大久保全陸	東京都立大学 〃 〃
2等 (1席)	若色峰郎 秋元和雄 筒井英雄 津路次朗	日本大学 清水建設 カトウ設計事務所 日本大学
(2席)	上塘洋一 松山岩雄 西村　武	西村設計事務所 白川設計事務所 吉江設計事務所
3等 (1席)	竹内　皓 内川正人	三菱地所 〃
(2席)	保坂陽一郎	芦原建築設計事務所
(3席)	林　魏	石本建築事務所

●1964　国内線の空港ターミナル

順位	氏名	所属
1等	小松崎常夫	大江宏建築事務所
2等 (1席)	山中一正	梓建築事務所
(2席)	長島茂己	明石建築設計事務所
3等 (1席)	渋谷　昭 渋谷義宏 中村金治 清水英雄	建築創作連合 〃 〃 〃
(2席)	鈴木弘志	建設省営繕局
(3席)	坂巻弘一 高橋一躬 竹内　皓	大成建設 〃 三菱地所

●1965　温泉地に建つ老人ホーム

順位	氏名	所属
1等	松田武治 河合喬史 南　和正	鹿島建設 〃 〃
2等 (1席)	浅井光広 松崎　稔 河西　猛	白川建築設計事務所 〃 〃
(2席)	森　惣介 岡田俊夫 白井正義 渡辺了策	東鉄管理局施設部 国鉄本社施設局 東鉄管理局施設部 国鉄本社施設局
3等 (1席)	村井　啓 福沢健次 志田　巌 渡辺泰男	槇総合計画事務所 〃 〃 千葉大学
(2席)	近藤　繁 田村　清 水嶋勇郎 芳谷勝瀰	日建設計工務 〃 〃 〃
(3席)	森　史夫	東京工業大学

●1966　農村住宅

順位	氏名	所属
1等	鈴木清史 野呂恒二 山田尚義	小崎建築設計事務所 林・山田・中原設計同人 匠設計事務所
2等 (1席)	竹内　耕 大吉春雄 椎名　茂	明治大学 下元建築事務所 〃
(2席)	田村　光 倉光昌彦	中山克巳建築設計事務所 〃
3等 (1席)	三浦紀之 高山芳彦	磯崎新アトリエ 関東学院大学
(2席)	増野　暁 井口勝文	竹中工務店 〃
(3席)	田良島昭	鹿児島大学

●1967　中都市に建つバスターミナル

順位	氏名	所属
1等	白井正義 深沢健二 柳下　計 清水俊克 四日幹庸 保坂時雄 早川一武 竹谷一夫 野原明彦 高本　司 森　惣介 渡辺了策 坂井敬次	東京鉄道管理局 国鉄東京工事局 東京鉄道管理局 国鉄東京工事局 東京鉄道管理局 国鉄東京工事局 〃 東京鉄道管理局 国鉄東京工事局 東京鉄道管理局 〃 国鉄東京工事局 〃
2等 (1席)	安田丑作	神戸大学
(2席)	白井正義 他12名1等 入選者と同じ	東京鉄道管理局
3等 (1席)	平　昭男	平建築研究所
(2席)	古賀宏右 矢野彰夫 清原　暢 紀田兼武 中野俊章 城島嘉八郎 木梨良彦 梶原　順	清水建設九州支店 〃 〃 〃 〃 〃 〃 〃
(3席)	唐沢昭夫 畑　聰一 有坂　勝 平野　周 鈴木誠司	芝浦工業大学助手 芝浦工業大学 〃 〃 〃

●1968　青年センター

順位	氏名	所属
1等	菊地大麓	早稲田大学
2等 (1席)	長峰　章 長谷部浩	東洋大学助手 東洋大学
(2席)	坂野醇一	日建設計工務名古屋事務所
3等 (1席)	大橋晃一 大橋二朗	東京理科大学助手 東京理科大学
(2席)	柳村敏彦	教育施設研究所
(3席)	八木幸二	東京工業大学

●1969　郷土美術館

順位	氏名	所属
入選	気賀沢俊之 割田正雄 後藤直道	早稲田大学 〃 〃
	小林勝由 冨士覇玉	丹羽英二建築事務所 清水建設名古屋支店
	和久昭夫 楓　文夫 若宮淳一 実崎弘司	桜井事務所 安宅エンジニアリング 〃 日本大学
	道本裕忠 福井敬之輔 佐藤　護	大成建設本社 大成建設名古屋支店 大成建設新潟支店
	橋本文隆 田村真一	芦原建築設計研究所 武蔵野美術大学

●1970　リハビリテーションセンター

順位	氏名	所属
入選	阿部孝治 伊集院豊麿 江上　徹 竹下秀俊 中溝信之 林　俊生 本田昭四 松永　豊	九州大学 〃 〃 〃 〃 〃 九州大学助手 九州大学
	土田裕康 松本信孝 岩渕昇二 佐藤憲一	東京都立田無工業高校 〃 工学院大学 中野区役所建設部
	坪山幸生 杉浦定雄	日本大学 アトリエ・K

順位	氏名	所属
	伊沢　岬	日本大学
	江中伸広	〃
	坂井建正	〃
	小井義信	アトリエ・K
	吉田　諄	〃
	真鍋勝利	日本大学
	田代太一	〃
	仲村澄夫	〃
	光崎俊正	岡建築設計事務所
	宗像博道	鹿島建設
	山本敏夫	〃
	森田芳憲	三井建設

●1971　小学校

順位	氏名	所属
1等	岩井光男	三菱地所
	鳥居和茂	西原研究所
	多田公昌	ヨコテ建築事務所
	芳賀孝和	和田設計コンサルタント
	寺田晃光	三愛石油
	大柿陽一	日本大学
2等	栗生　明	早稲田大学
	高橋英二	〃
	渡辺吉章	〃
	田中那華男	井上久雄建築設計事務所
3等	西川禎一	鹿島建設
	天野喜信	〃
	山口　等	〃
	渋谷外志子	〃
	小林良雄	芦原建築設計研究所
	井上　信	千葉大学
	浮々谷啓悟	〃
	大泉研二	〃
	清田恒夫	〃

●1972　農村集落計画

順位	氏名	所属
1等	渡辺一二	創造社
	大極利明	〃
	村山　忠	SARA工房
2等（1席）	藤本信義	東京工業大学
	楠本侑司	〃
	藍沢　宏	〃
	野原　剛	〃
（2席）	成富善治	京都大学
	町井　充	〃
3等（1席）	本田昭四	九州大学助手
	井手秀一	九州大学
	樋口栄作	〃
	林　俊生	〃
	近藤芳男	〃
	日野　修	〃
	伊集院豊麿	〃
	竹下輝和	〃
（2席）	米津兼男	西尾建築設計事務所
	佐川秀雄	工学院大学
	大町知之	〃
	近藤英雄	〃
（3席）	三好庸隆	大阪大学
	中原文雄	〃

●1973　地方小都市に建つコミュニティーホスピタル

順位	氏名	所属
1等	宮城千城	工学院大学助手
	石渡正行	工学院大学
	内野　豊	〃
	梶本実乗	〃
	天野憲二	〃
	小林正孝	〃
	三好　薫	〃
2等（1席）	高橋公雄	RG工房
	宝田昌秀	〃
	岩崎成義	〃
	加瀬幸次	〃
	内田久雄	RG工房
	安藤輝男	〃
（2席）	深谷俊則	UA都市・建築研究所
	込山俊二	山下寿郎設計事務所
	高村慶一郎	UA都市・建築研究所
3等（1席）	井手秀一	九州大学
	上和田茂	〃
	竹下輝和	〃
	日野　修	〃
	梶山喜一郎	〃
	永富　誠	〃
	松下隆太	〃
	村上良知	〃
	吉村直樹	〃
（2席）	山本育三	関東学院大学
（3席）	大町知之	工学院大学
	米津兼男	〃
	佐川秀雄	毛利建築設計事務所
	近藤英雄	工学院大学

●1974　コミュニティスポーツセンター

順位	氏名	所属
1等	江口　潔	千葉大学
	斎藤　実	〃
2等（1席）	佐野原二	藍建築設計センター
（2席）	渡上和則	フジタ工業設計部
3等（1席）	津路次朗	アトリエ・K
	杉浦定雄	〃
	吉田　諄	〃
	真鍋勝利	〃
	坂井建正	〃
	田中重光	〃
	木田　俊	〃
	斎藤祐子	〃
	阿久津裕幸	〃
（2席）	神長一郎	SPACEDESIGNPRODUCESYSTEM
（3席）	日野一男	日本大学
	連川正徳	〃
	常川芳男	〃

●1975　タウンハウス—都市の低層集合住宅

順位	氏名	所属
1等	該当者なし	
2等	毛井正典	芝浦工業大学
	伊藤和範	早稲田大学
	石川俊治	日本国土開発
	大島博明	千葉大学
	小室克夫	〃
	田中二郎	〃
	藤倉　真	〃
3等	衣袋洋一	芝浦工業大学
	中西義和	三貴土木設計事務所
	森岡秀幸	国土工営
	永友秀人	R設計社
	金子幸一	三貴土木設計事務所
	松田福和	奥村組本社

●1976　建築資料館

順位	氏名	所属
1等	佐藤元昭	奥村組
2等	田中康勝	芝浦工業大学
	和田法正	〃
	香取光夫	〃
	田島英夫	〃
	福沢　清	〃
	功刀　強	〃
3等	伊沢　岬	日本大学助手
	大野　豊	日本大学
	笠間康雄	〃
	柿本人司	〃
	佐藤洋一	〃
	高橋鎮男	日本大学
	場々洋介	〃
	入江敏郎	〃
	功刀　強	芝浦工業大学
	田島英夫	〃
	福沢　清	〃
	和田法正	〃
	香取光夫	〃
	田中康勝	〃
	坂口　修	鹿島建設
	平田典千	〃
	山田嘉朗	東北大学
	大西　誠	〃
	松元隆平	〃

●1977　買物空間

順位	氏名	所属
1等	湯山康樹	早稲田大学
	小田恵介	〃
	南部　真	〃
2等	堀田一平	環境企画G
	藤井敏信	早稲田大学
	柳田良造	〃
	長谷川正充	〃
	松本靖男	〃
	井上赫郎	首都圏総合計画研究所
	工藤秀美	〃
	金田　弘	環境企画G
	川名俊郎	工学院大学
	林　俊司	〃
	渡辺　暁	〃
3等	菅原尚史	東北大学
	高坂憲治	〃
	千葉琢夫	〃
	森本　修	〃
	山田博人	〃
	長谷川章	早稲田大学
	細川博彰	工学院大学
	露木直己	日本大学
	大内宏友	〃
	永徳　学	〃
	高瀬正二	〃
	井上清春	工学院大学
	田中正裕	
	半貫正治	工学院大学

●1978　研修センター

順位	氏名	所属
1等	小石川正男	日本大学短期大学
	神波雅明	高岡建築事務所
	乙坂雅広	日本大学
	永池勝範	鈴喜建設設計
	篠原則夫	日本大学
	田中光義	〃
2等	水島　宏	熊谷組本社
	本田征四郎	〃
	藤吉　恭	〃
	桜井経温	〃
	木野隆信	〃
	若松久雄	鹿島建設
3等	武馬　博	ウシヤマ設計研究室
	持田満輔	芝浦工業大学
	丸田　睦	〃
	山本園子	〃
	小田切利栄	〃
	佐々木勤	〃
	田島　肇	〃
	飯島　宏	〃
	田島英夫	加藤アトリエ
	後藤伸一	前川國男建築設計事務所
	東原克行	〃
	田中隆吉	竹中工務店東京支店

順位	氏名	所属
●1979 児童館		
1等	倉本卿介	フジタ工業
	福島節男	〃
	岸原芳人	〃
	杉山栄一	〃
	小泉直久	〃
	小久保茂雄	〃
2等	西沢鉄雄	早稲田大学専門学校
	青柳信子	〃
	秋田宏行	〃
	尾登正典	〃
	斎藤民樹	〃
	坂本俊一	〃
	新井一治	関西大学
	山本孝之	〃
	村田直人	〃
	早瀬英雄	〃
	芳村隆史	〃
3等	中園真人	九州大学
	川島　豊	〃
	永松由教	〃
	入江謙吾	〃
	小吉泰彦	九州大学
	三橋　徹	〃
	山越幸子	〃
	多田善昭	斉藤孝建築設計事務所
	溝口芳典	香川県観音寺土木事務所
	真鍋一伸	富士建設
	柳川恵子	斉藤孝建築設計事務所
●1980 地域の図書館		
1等	三橋　徹	九州大学
	吉田寛史	〃
	内村　勉	〃
	井上　誠	〃
	時政康司	〃
	山野善郎	〃
2等(1席)	若松久雄	鹿島建設
(2席)	塚ノ目栄寿	芝浦工業大学
	山下高二	〃
	山本園子	〃
3等(1席)	布袋洋一	芝浦工業大学
	船山信夫	〃
	栗田正光	〃
(2席)	森　一彦	豊橋技術大学
	梶原雅也	〃
	高村誠人	〃
	市村　弘	〃
	藤島和博	〃
	長村寛行	〃
(3席)	佐々木厚司	京都工芸繊維大学
	野口道男	〃
	西村正裕	〃
●1981 肢体不自由児のための養護学校		
1等	野久尾尚志	地域計画設計
	田畑邦男	〃
2等(1席)	井上　誠	九州大学
	磯野祥子	〃
	滝山　作	〃
	時政康司	〃
	中村隆明	〃
	山野善郎	〃
	鈴木義弘	〃
(2席)	三川比佐人	清水建設
	黒田和彦	〃
	中島晋一	〃
	馬場弘一郎	〃
	三橋　徹	〃
	吉田　博	〃
3等(1席)	川元　茂	九州大学
	郡　明宏	〃
	永島　潮	〃
	深野木信	〃
(2席)	畠山和幸	住友建設
(3席)	渡辺富雄	日本大学
	佐藤日出夫	〃
	中川龍吾	〃
	本間博之	〃
	馬場律也	〃
●1982 地場産業振興のための拠点施設		
1等	城戸崎和佐	芝浦工業大学
	大崎閲男	〃
	木村雅一	〃
	進藤憲治	〃
	宮本秀二	〃
2等	佐々木聡	東北大学
	小沢哲三	〃
	小坂高志	〃
	杉山　丞	〃
	鈴木秀俊	〃
	三嶋志郎	〃
	山田真人	〃
	青木修一	工学院大学
3等	出田　肇	創設計事務所
	大森正夫	京都工芸繊維大学
	黒田智子	〃
	原　浩一	〃
	鷹村暢子	〃
	日高　章	〃
	岸本和久	〃
	岡田明浩	〃
	深野木信	九州大学
	大津博幸	〃
	川崎光敏	〃
	川島浩孝	〃
	仲江　肇	〃
	西　洋一	〃
●1983 国際学生交流センター		
1等	岸本広久	京都工芸繊維大学
	柴田　厚	〃
	藤田泰広	〃
2等	吉岡栄一	芝浦工業大学
	佐々木和子	〃
	照沼博志	〃
	大野幹雄	〃
	糟谷浩史	京都工芸繊維大学
	鷹村暢子	〃
	原　浩一	〃
3等	森田達志	工学院大学
	丸山正仁	工学院大学
	深野木信	九州大学
	川崎光敏	〃
	高須芳史	〃
	中村孝至	〃
	長嶋洋子	〃
	ウ・ラタン	〃
●1984 マイタウンの修景と再生		
1等	山崎正史	京都大学助手
	浅川滋男	京都大学
	千葉道也	〃
	八木雅夫	〃
	リッタ・サラスティエ	〃
	金　竜河	〃
	カテリナ・メグミ・ナバミネ	〃
	曽野泰行	〃
	若松　準	〃
2等	宗平真澄	関西大学
	近宮健一	〃
	池田泰彦	九州芸術工科大学
	米永優子	〃
	塚原秀典	〃
	上田俊三	〃
	応地丘子	〃
	梶原美樹	〃
3等	大野泰史	鹿島建設
	伊藤吉和	千葉大学
	金　秀吉	〃
	小林一雄	〃
	堀江　隆	〃
	佐藤基一	〃
	須永浩邦	〃
	神尾幸伸	関西大学
	宮本昌彦	〃
●1985 商店街における地域のアゴラ		
1等	元氏　誠	京都工芸繊維大学
	新田晃尚	〃
	浜村哲朗	〃
2等	栗原忠一郎	連合設計栗原忠建築設計事務所
	大成二信	〃
	千葉道也	京都大学
	増井正哉	〃
	三浦英樹	〃
	カテリナ・メグミ・ナガミネ	〃
	岩松　準	〃
	曽野泰行	〃
	金　浩哲	〃
	太田　潤	〃
	大守昌利	〃
	大倉克仁	〃
	加茂みどり	〃
	川村　豊	〃
	黒木俊正	〃
	河本　潔	〃
3等	藤沢伸佳	日本大学
	柳　泰彦	〃
	林　和樹	〃
	田崎祐生	京都大学
	川人洋志	〃
	川野博義	〃
	原　哲也	〃
	八木康夫	〃
	和田　淳	〃
	小谷邦夫	〃
	上田嘉之	〃
	小路直彦	関西大学
	家田知明	〃
	松井　誠	〃
●1986 外国に建てる日本文化センター		
1等	松本博樹	九州芸術工科大学
	近藤英夫	〃
2等(特別賞)	キャロリン・ディナス	オーストラリア
2等	宮宇地一彦	法政大学講師
	丸山茂生	早稲田大学
	山下英樹	〃
3等	グワウン・タン	オーストラリア
	アスコール・ピーターソンズ	〃
	高橋喜人	早稲田大学
	杉浦友哉	早稲田大学
	小林達也	日本大学
	小川克己	〃
	佐藤信治	〃
●1987 建築博物館		
1等	中島道也	京都工芸繊維大学
	神津昌哉	〃
	丹羽喜裕	〃

順位	氏名	所属
	林 秀典	京都工芸繊維大学
	奥 佳弥	〃
	関井 徹	〃
	三島久範	〃
2等（1席）	吉田敏一	東京理科大学
（2席）	川北健雄	大阪大学
	村井 貢	〃
	岩田尚樹	〃
3等	工藤信啓	九州大学
	石井博文	〃
	吉田 勲	〃
	大坪真一郎	〃
	當間 卓	日本大学
	松岡辰郎	〃
	氏家 聡	〃
	松本博樹	九州芸術工科大学
	江島嘉祐	〃
	坂原裕樹	〃
	森 裕	〃
	渡辺美恵	〃

●1988 わが町のウォーターフロント

順位	氏名	所属
1等	新間英一	日本大学
	丹羽雄一	〃
	橋本樹宜	〃
	草薙茂雄	〃
	毛見 究	〃
2等（1席）	大内宏友	日本大学
	岩田明士	〃
	関根 智	〃
	原 直昭	〃
	村島聡乃	〃
（2席）	角田暁治	京都工芸繊維大学
3等	伊藤 泰	日本大学
	橋寺和子	関西大学
	居内章夫	〃
	奥村浩和	〃
	宮本昌彦	〃
	工藤信啓	九州大学
	石井博文	〃
	小林美和	〃
	松江健吾	〃
	森次 顕	〃
	石川恭温	〃

●1989 ふるさとの芸能空間

順位	氏名	所属
1等	湯淺篤哉	日本大学
	広川昭二	〃
2等（1席）	山岡哲哉	東京理科大学
（2席）	新間英一	日本大学
	長谷川晃三郎	〃
	岡里 潤	〃
	佐久間明	〃
	横尾愛子	〃
3等	直井 功	芝浦工業大学
	飯嶋 淳	〃
	松田葉子	〃
	浅見 清	〃
	清水健太郎	〃
	丹羽雄一	日本大学
	松原明生	京都工芸繊維大学

●1990 交流の場としてのわが駅わが駅前

順位	氏名	所属
1等	鎌田泰寛	室蘭工業大学
2等（1席）	若林伸吾	ゼブラクロス/環境計画研究機構
（2席）	植竹和弘	日本大学
	根岸延行	日本大学
	中西邦弘	〃
3等	飯田隆弘	日本大学
	山口哲也	〃
	佐藤教明	〃
	佐藤滋晃	〃
	本田昌明	京都工芸繊維大学
	加藤正浩	京都工芸繊維大学
	矢部達也	〃
第2部優秀作品	辺見昌克	東北工業大学
	重田真理子	日本大学
	小笠原滋之	日本大学
	岡本真吾	〃
	堂下 浩	〃
	曽根 奨	〃
	田中 剛	〃
	高倉朋文	〃
	富永隆弘	〃

●1991 都市の森

順位	氏名	所属
1等	北村順一	EARTH-CREW 空間工房
2等（1席）	山口哲也	日本大学
	河本憲一	〃
	広川雅樹	〃
	日下部仁志	〃
	伊藤康史	〃
	高橋武志	〃
（2席）	河合哲夫	京都工芸繊維大学
3等	吉田幸代	東京電機大学
	大勝義夫	東京電機大学
	小川政彦	〃
	有馬浩一	京都工芸繊維大学
第2部優秀作品	真崎英嗣	京都工芸繊維大学
	片桐岳志	日本大学
	豊川健太郎	神奈川大学

●1992 わが町のタウンカレッジをつくる

順位	氏名	所属
1等	増重雄治	広島大学
	平賀直樹	〃
	東 哲也	〃
2等	今泉 純	東京理科大学
	笠継 浩	九州芸術工科大学
	吉澤宏生	〃
	梅元建治	〃
	藤本弘子	〃
3等	大橋千枝子	早稲田大学
	永澤明彦	〃
	野嶋 徹	〃
	堀江由布子	〃
	水川ひろみ	〃
	葉 華	〃
	龍 治男	〃
	永井 牧	東京理科大学
	佐藤教明	日本大学
	木口英俊	〃
第2部優秀作品	田代拓未	早稲田大学
	細川直哉	早稲田大学
	南谷武志	豊橋技術科学大学
	植村龍治	〃
	鵜飼優美代	〃
	楊 迪鋼	〃
	品川ちとせ	〃

●1993 川のある風景

順位	氏名	所属
1等	堀田典裕	名古屋大学
	片木孝治	〃
2等	宇高雄志	豊橋技術科学大学
	新宅昭文	〃
	金田俊美	〃
	藤木統久	〃
	阪田弘一	大阪大学助手
	板谷善晃	大阪大学
	榎木靖倫	〃
3等	坂本龍宣	日本大学
	戸田正幸	〃
	西出慎吾	〃
	安田利宏	京都工芸繊維大学
	原 竜介	京都府立大学
第2部優秀作品	瀬木博重	東京理科大学
	平原英樹	東京理科大学
	岡崎光邦	日本文理大学
	岡崎泰和	〃
	米良裕二	〃
	脇坂隆治	〃
	池田貴光	〃

●1994 21世紀の集住体

順位	氏名	所属
1等	尾崎敦俊	関西大学
2等	岩佐明彦	東京大学
	疋田誠二	神戸大学
	西端賢一	〃
	鈴木 賢	〃
3等	菅沼秀樹	北海道大学
	ピメンテル・フランシスコ	〃
	藤石真樹	九州大学
	唐崎祐一	〃
	安武敦子	九州大学
	柴田 健	〃
第2部優秀作品	太田光則	日本大学
	南部健太郎	〃
	岩間大輔	〃
	佐久間朗	〃
	桐島 徹	日本大学
	長澤秀徳	〃
	福井恵一	〃
	蓮池 崇	〃
	和久 豪	〃
	薩摩亮治	京都工芸繊維大学
	大西康伸	〃

●1995 テンポラリー・ハウジング

順位	氏名	所属
1等	柴田 建	九州大学
	上野恭子	〃
	Nermin Mohsen Elokla	〃
2等	津國博英	エムアイエー建築デザイン研究所
	鈴木秀雄	〃
	川上浩史	日本大学
	圓塚紀祐	〃
	村松哲志	〃
3等	伊藤秀明	工学院大学
	中井賀代	関西学院大学
	伊藤一未	〃
	内記英文	熊本大学
	早樋 努	〃
第2部優秀作品	崎田由紀	日本女子大学
	的場喜郎	日本大学
	横地哲哉	日本大学
	大川航洋	〃

順位	氏名	所属
	小越康乃	日本大学
	大野和之	〃
	清松寛史	〃

●1996 空間のリサイクル

順位	氏名	所属
1等	木下泰男	北海道造形デザイン専門学校講師
2等	大竹啓文	筑波大学
	松岡良樹	〃
	吉村紀一郎	豊橋技術科学大学
	江川竜之	〃
	太田一洋	〃
	佐藤裕子	〃
	増田成政	〃
3等	森　雅章	京都工芸繊維大学
	上田佳奈	〃
	石川主税	名古屋大学
	中　敦史	関西大学
	中島健太郎	〃
第2部優秀作品	徳田光弘	九州芸術工科大学
	浅見苗子	東洋大学
	池田さやか	〃
	内藤愛子	〃
	藤ヶ谷えり子	香川職業能力開発短期大学校
	久永康子	〃
	福井由香	〃

●1997 21世紀の『学校』

順位	氏名	所属
1等	三浦　慎	フリー
	林　太郎	東京藝術大学
	千野晴己	〃
2等	村松保洋	日本大学
	渡辺泰夫	〃
	森園知弘	九州大学
	市丸俊一	〃
3等	豊川斎赫	東京大学
	坂牧由美子	〃
	横田直子	熊本大学
	高橋将幸	〃
	中野純子	〃
	松本　仁	〃
	富永誠一	〃
	井上貴明	〃
	岡田信男	〃
	李　煒強	〃
	藤本美由紀	〃
	澤村　要	〃
	浜田智紀	〃
	宮崎剛哲	〃
	風間奈津子	〃
	今村正則	〃
	中村伸二	〃
	山下　剛	鹿児島大学
第2部優秀作品	間下奈津子	早稲田大学
	瀬戸健似	日本大学
	土屋　誠	〃
	遠藤　誠	〃
	渋川　隆	東京理科大学

●1998 『市場』をつくる

順位	氏名	所属
最優秀賞	宇野勇治	名古屋工業大学
	三好光行	〃
	眞中正司	日建設計
優秀賞	筧　雄平	東北大学
	村口　玄	〃
	福島理恵	早稲田大学
	齋藤篤史	京都工芸繊維大学
	東尾勝則	近畿大学
タジマ奨励賞	山口雄治	東洋大学
	坂巻　哲	〃
	齋藤真紀	早稲田大学専門学校
	浅野早苗	〃
	松本亜矢	〃
	根岸広人	早稲田大学専門学校
	石井友子	〃
	小池益代	〃
	原山　賢	信州大学
	齋藤み穂	関西大学
	竹森紘臣	〃
	井川　清	関西大学
	葉山純士	〃
	前田利幸	〃
	前村直紀	〃
	横山敦一	大阪大学
	青山祐子	〃
	倉橋尉仁	〃

●1999 住み続けられる“まち”の再生

順位	氏名	所属
最優秀賞 タジマ奨励賞	多田正治	大阪大学
	南野好司	〃
	大浦寛登	〃
優秀賞	北澤　猛	東京大学
	遠藤　新	〃
	市原富士夫	〃
	今村洋一	〃
	野原　卓	〃
	今川俊一	〃
	栗原謙樹	〃
	田中健介	〃
	中島直人	〃
	三牧浩也	〃
	荒俣桂子	〃
	中楯哲史	法政大学
	安食公治	〃
	岡本欣士	〃
	熊崎敦史	〃
	西牟田奈々	〃
	白川　在	〃
	増見収太	〃
	森島則文	フジタ
	堀田忠義	〃
	天満智子	〃
	松島啓之	神戸大学
	大村俊一	大阪大学
	生川慶一郎	〃
	横田　郁	〃
タジマ奨励賞	開　歩	東北工業大学
	鳥山暁子	東京理科大学
	伊藤教司	東京理科大学
	石冨達郎	金沢大学
	北野清晃	〃
	鈴木秀典	〃
	大谷瑞絵	〃
	青木宏之	和歌山大学
	伊佐治克哉	〃
	島田　聖	〃
	高井美樹	〃
	濱上千香子	〃
	平林嘉泰	〃
	藤本玲子	〃
	松川真之介	〃
	向井啓晃	〃
	山崎和義	〃
	岩岡大輔	〃
	徳宮えりか	〃
	菊野　恵	〃
	中瀬由子	〃
	山田細香	〃
	今井敦士	摂南大学
	東　雅人	〃
	櫛部友士	〃
	奥野洋平	近畿大学
	松本幸治	〃
	中野百合	日本文理大学
	日下部真一	〃
	下地大樹	〃
	大前弥佐子	〃
	小沢博克	〃
	具志堅元一	〃
	三浦琢哉	〃
	濱村諭志	〃

●2000 新世紀の田園居住

順位	氏名	所属
最優秀賞	山本泰裕	神戸大学
	吉池寿顕	〃
	牛戸陽治	〃
	本田　亙	フリー
	村上　明	九州大学
優秀賞	藤原徹平	横浜国立大学
	高橋元氣	フリー
	畑中久美子	神戸芸術工科大学
	齋藤篤史	竹中工務店
	富田祐一	アール・アイ・エー大阪支社
	嶋田泰子	竹中工務店
タジマ奨励賞	張替那麻	東京理科大学
	平本督太郎	慶應義塾大学
	加曽利千草	〃
	田中真美子	〃
	三上哲哉	〃
	三島由樹	〃
	花井奏達	大同工業大学
	新田一真	金沢工業大学
	新藤太一	〃
	日野直人	〃
	早見洋平	信州大学
	岡部敏明	日本大学
	青山　純	〃
	斉藤洋平	〃
	秦野浩司	〃
	木村輝之	〃
	重松研二	〃
	岡田俊博	〃
	森田絢子	明石工業高等専門学校
	木村恭子	〃
	永尾達也	〃
	延東　治	明石工業高等専門学校
	松森一行	〃
	田中雄一郎	高知工科大学
	三木結花	〃
	横山　藍	〃
	石田計志	〃
	松本康夫	〃
	大久保圭	〃

●2001 子ども居場所

順位	氏名	所属
最優秀賞	森　雄一	神戸大学
	祖田篤輝	〃
	碓井　亮	〃
優秀賞	小地沢将之	東北大学
	中塚祐一郎	〃
	浅野久美子	〃
タジマ奨励賞	山本幸恵	早稲田大学芸術学校
	太刀川寿子	〃
	横井祐子	〃
	片岡照博	工学院大学・早稲田大学芸術学校
	深澤たけ美	豊橋技術科学大学
	森川勇己	〃

順位	氏　名	所　　属
	武部康博	豊橋技術科学大学
	安藤　剛	〃
	石田計志	高知工科大学
	松本康夫	〃
タジマ奨励賞	増田忠史	早稲田大学
	高尾研也	〃
	小林恵吾	〃
	蜂谷伸治	〃
	大木　圭	東京理科大学
	本間行人	東京理科大学
	山田直樹	日本大学
	秋山　貴	〃
	直井宏樹	〃
	山崎裕子	〃
	湯浅信二	〃
	北野雅士	豊橋技術科学大学
	赤松耕太	〃
	梅田由佳	〃
	坂口　祐	慶應義塾大学
	稲葉佳之	〃
	石井綾子	〃
	金子晃子	〃
	森田絢子	明石工業高等専門学校
	木村恭子	〃
	永尾達也	東京大学
	山名健介	広島工業大学
	安井裕之	〃
	平田友隆	〃
	西元咲子	〃
	豊田憲洋	〃
	宗村卓季	〃
	密山　弘	〃
	片岡　聖	〃
	今村かおり	〃
	大城幸恵	九州職業能力開発大学校
	水上浩一	〃
	米倉大喜	〃
	石峰顕道	〃
	安藤美代子	〃
	横田竜平	〃

●2002　外国人と暮らすまち

順位	氏　名	所　　属
最優秀賞	竹田堅一	芝浦工業大学
	高山　久	〃
	依田　崇	〃
	宮野隆行	〃
	河野友紀	広島大学
	佐藤菜採	〃
	高山武士	〃
	都築　元	〃
	安井裕之	広島工業大学
	久安邦明	〃
	横川貴史	〃
優秀賞	三谷健太郎	東京理科大学
	田中信也	千葉大学
	穂積雄平	東京理科大学
	山本　学	神奈川大学
(タジマ奨励賞)	水上浩一	九州職業能力開発大学校
	吉岡雄一郎	〃
	西村　恵	〃
	大脇淳一	〃
	古川晋作	〃
	川崎美紀子	〃
	安藤美代子	〃
	米倉大喜	〃
タジマ奨励賞	TEOH CHEE SIANG	千葉大学
	岩崎真志	豊橋技術科学大学
	中西　功	〃
	長田剛和	〃
	三原直也	京都工芸繊維大学

順位	氏　名	所　　属
	安藤美代子	九州職業能力開発大学校
	桑山京子	〃
	井原堅一	〃
	井上　歩	〃
	米倉大喜	〃
	水上浩一	〃
	矢橋　徹	日本文理大学

●2003　みち

順位	氏　名	所　　属
最優秀賞 島本源徳賞	山田智彦	千葉大学
	加藤大志	〃
	陶守奈津子	〃
	末廣倫子	〃
	中野　薫	〃
	鈴木葉子	〃
	廣瀬哲史	〃
	北澤有里	〃
最優秀賞 (タジマ奨励賞)	宮崎明子	東京理科大学
	溝口省吾	〃
	細山真治	〃
	横川貴史	広島工業大学
	久安邦明	〃
	安井裕之	〃
優秀賞	市川尚紀	東京理科大学
	石井　亮	〃
	石川雄一	〃
	中込英樹	〃
	表　尚玄	大阪市立大学
	今井　朗	〃
	河合美保	〃
	今村　顕	〃
	加藤悠介	〃
	井上昌子	〃
	西脇智子	〃
	宮谷いずみ	〃
	稲垣大志	〃
	酢田祐子	〃
(タジマ奨励賞)	松川洋輔	日本文理大学
	嵯峨彰仁	〃
	川野伸寿	〃
	持留啓徳	〃
	国頭正章	〃
	雑賀貴志	〃
タジマ奨励賞	中井達也	大阪大学
	桑原悠樹	〃
	尾杉友浩	〃
	西澤嘉一	〃
	田中美帆	〃
	森川真嗣	国立明石工業高等専門学校
	加藤哲史	広島大学
	佐々岡由訓	〃
	松岡由子	〃
	長池正純	〃
	内田哲広	広島大学
	久留原明	〃
	松本幸子	〃
	割方文子	〃
	宮内聡明	日本文理大学
	大西達郎	〃
	嶋田孝頼	〃
	野見山雄太	〃
	田村文乃	〃
	松浦　琢	九州芸術工科大学
	前田圭子	国立有明工業高等専門学校
	奥薗加奈子	〃
	西田朋美	〃
	田中隆志	九州職業能力開発大学校
	古川晋作	〃
	保永勝重	〃
	田端孝蔵	〃
	吉岡雄一郎	〃
	井原堅一	〃
	大脇淳一	〃

●2004　建築の転生・都市の再生

順位	氏　名	所　　属
最優秀賞 島本源徳賞 (タジマ奨励賞)	遠藤和郎	東北工業大学
最優秀賞 島本源徳賞	紅林佳代	日本大学
	柳瀬英江	〃
	牧田浩二	〃
最優秀賞	和久倫也	東京都立大学
	小川　仁	〃
	齋藤茂樹	〃
	鈴木啓之	〃
優秀賞	本間行人	横浜国立大学
	齋藤洋平	大成建設
	小菅俊太郎	〃
	藤原　稔	〃
タジマ奨励賞	平田啓介	慶應義塾大学
	椎木空海	〃
	柳沢健人	〃
	塚本　文	〃
	佐藤桂火	東京大学
	白倉　将	京都工芸繊維大学
	山田道子	大阪市立大学
	舩橋耕太郎	〃
	堀野　敏	大阪市立大学
	田部兼三	〃
	酒井雅男	〃
	山下剛史	広島大学
	下田康晴	〃
	西川佳香	〃
	田村隆志	日本文理大学
	中村公亮	〃
	茅根一貴	〃
	水内英允	〃
	難波友亮	鹿児島大学
	西垣智哉	〃
	小佐見友子	鹿児島大学
	瀬戸口晴美	〃

●2005　風景の構想―建築をとおしての場所の発見―

順位	氏　名	所　　属
最優秀賞 島本源徳賞	中西正佳	京都大学
	佐賀淳一	〃
	松田拓郎	北海道大学
優秀賞	石川典貴	京都工芸繊維大学
	川勝崇道	〃
	森　　隆	芝浦工業大学
	廣瀬　悠	立命館大学
	加藤直史	〃
	水谷好美	〃
(タジマ奨励賞)	吉村　聡	神戸大学
(タジマ奨励賞)	木下皓一郎	熊本大学
	菊池　聡	〃
	佐藤公信	〃
タジマ奨励賞	渡邉幹夫	日本文理大学
	伊禮竜馬	〃
	中野晋治	〃
	近藤　充	東北工業大学
	賞雅裕和	日本大学
	田島　誠	〃
	重堂英仁	〃
	濵崎梨沙	鹿児島大学
	中村直人	〃
	王　東揚	〃

●2006　近代産業遺産を生かしたブラウンフィールドの再生

順位	氏　名	所　　属
最優秀賞 島本源徳賞	新宅　健	山口大学
	三好宏史	〃
	山下　敦	〃

(　) はタジマ奨励賞と重賞

順位	氏名	所属
優秀賞	中野茂夫	筑波大学
	不破正仁	〃
	市原　拓	〃
	小山雄資	〃
	神田伸正	〃
	臂　　徹	〃
	堀江晋一	大成建設
	関山泰忠	〃
	土屋尚人	〃
	中野　弥	〃
	伊原　慶	〃
	出口　亮	〃
	萩原崇史	千葉大学
	佐本雅弘	〃
	真泉洋介	〃
	平山善雄	九州大学
	安部英輝	〃
	馬場大輔	〃
	疋田美紀	〃
タジマ奨励賞	広田直樹	関西大学
	伏見将彦	〃
	牧　奈歩	明石工業高等専門学校
	国居郁子	〃
	井上亮太	〃
	三崎恵理	関西大学
	小島　彩	〃
	伊藤裕也	広島大学
	江口宇雄	〃
	岡島由賀	〃
	鈴木聖明	近畿大学
	高田耕平	〃
	田原康啓	〃
	戎野朗生	広島大学
	豊田章雄	〃
	山根俊輔	〃
	森　智之	〃
	石川陽一郎	〃
	田尻昭久	崇城大学
	長家正典	〃
	久冨太一	〃
	皆川和朗	日本大学
	古賀利郎	〃
	高田　郁	大阪市立大学
	黒木悠真	〃
	桜間万里子	〃

●2007　人口減少時代のマイタウンの再生

順位	氏名	所属
最優秀賞 島本源徳賞	牟田隆一	九州大学
	吉良直子	〃
	多田麻梨子	〃
	原田　慧	〃
最優秀賞	井村英之	東海大学
	杉　和也	〃
	松浦加奈	〃
	多賀麻衣子	和歌山大学
	北山めぐみ	〃
	木村秀男	〃
	宮原　崇	〃
	本塚智貴	〃
優秀賞	辻　大起	日本大学
	長岡俊介	〃
	村瀬慶征	神戸大学
	堀　浩人	〃
	船橋謙太郎	〃
（タジマ奨励賞）	隈部俊輔	広島大学
	中尾洋明	〃
	高平茂輝	〃
	塚田浩介	〃
	重廣　亨	〃
	益原実礼	〃

順位	氏名	所属
タジマ奨励賞	田附　遼	東京工業大学
	村松健児	〃
	上條慎司	〃
	三好絢子	広島工業大学
	龍野裕平	〃
	森田　淳	〃
	宇根明日香	近畿大学
	櫻井美由紀	〃
	松野　藍	〃
	柳川雄太	近畿大学
	山本恭平	〃
	城納　剛	〃
	関谷有希	近畿大学
	三浦　亮	〃
	古田靖幸	近畿大学
	西村知香	〃
	川上裕司	〃
	古田真史	広島大学
	渡辺晴香	〃
	萩野　亮	〃
	富山晃一	鹿児島大学
	岩元俊輔	〃
	阿相和成	〃
	林川祥子	日本文理大学
	植田祐加	〃
	大熊夏代	〃
	生野大輔	〃
	鶴田和樹	〃

●2008　記憶の器

順位	氏名	所属
最優秀賞	矢野佑一	大分大学
	山下博廉	〃
	河津恭平	〃
	志水昭太	〃
	山本展久	〃
	赤木建一	九州大学
	山﨑貴幸	〃
	中村翔悟	〃
	井上裕子	〃
優秀賞 （タジマ奨励賞）	板谷　慎	日本大学
	永田貴祐	〃
	黒木悠真	大阪市立大学
	坪井祐太	山口大学
	松本　誉	〃
	花岡芳徳	広島工業大学
	児玉亮太	〃
（タジマ奨励賞）	中川聡一郎	九州大学
	樋口　翔	〃
	森田　翔	〃
	森脇亜津子	〃
タジマ奨励賞	河野　恵	広島大学
	百武恭司	〃
	大高美乃里	〃
	千葉美幸	京都大学
	國居郁子	明石工業高等専門学校
	福本　遼	〃
	水谷昌稔	〃
	成松仁志	近畿大学
	松田尚子	〃
	安田浩子	〃
	平町好江	近畿大学
	安藤美有紀	〃
	中田庸介	〃
	山口和紀	近畿大学
	岡本麻希	〃
	高橋磨有美	〃
	上村浩貴	高知工科大学
	富田海友	東海大学

順位	氏名	所属

●2009年　アーバン・フィジックスの構想

順位	氏名	所属
最優秀賞	木村敬義	前橋工科大学
	武曽雅嗣	〃
	外崎晃洋	〃
	河野　直	京都大学
	藤田桃子	〃
優秀賞	石毛貴人	千葉大学
	生出健太郎	〃
	笹井夕莉	〃
	江澤現之	山口大学
	小崎太士	〃
	岩井敦郎	〃
（タジマ奨励賞）	川島　卓	高知工科大学
タジマ奨励賞	小原希望	東北工業大学
	佐藤えりか	〃
	奥原弘平	日本大学
	三代川剛久	〃
	松浦眞也	〃
	坂本大輔	広島工業大学
	上田寛之	〃
	濵本拓幸	〃
	寺本　健	高知工科大学
	永尾　彩	北九州市立大学
	濱本拓磨	〃
	山田健太朗	〃
	長谷川伸	九州大学
	池田　亘	〃
	石神絵里奈	〃
	瓜生宏輝	〃

●2010　大きな自然に呼応する建築

順位	氏名	所属
最優秀賞	後藤充裕	宮城大学
	岩城和昭	〃
	佐々木詩織	〃
	山口喬久	〃
	山田祥平	〃
	鈴木高敏	工学院大学
	坂本達典	〃
	秋野崇大	愛知工業大学
	谷口桃子	〃
	宮口　晃	愛知工業大学研究生
優秀賞	遠山義雅	横浜国立大学
	入口佳勝	広島工業大学
	指原　豊	浦野設計
	神谷悠実	三重大学
	前田太志	三重大学
	横山宗宏	広島工業大学
	遠藤創一朗	山口大学
	木下　知	〃
	曽田龍士	〃
（タジマ奨励賞）	笹田侑志	九州大学
タジマ奨励賞	真田　匠	九州工業大学
	戸井達弥	前橋工科大学
	渡邉宏道	〃
	安藤祐介	九州大学
	木村愛実	広島大学
	後藤雅和	岡山理科大学
	小林規矩也	〃
	枇榔博史	〃
	中村宗樹	〃
	江口克成	佐賀大学
	泉　竜斗	〃
	上村恵里	〃
	大塚一翼	〃

順位	氏　名	所　　属
	今林寛晃	福岡大学
	井田真広	〃
	筒井麻子	〃
	柴田陽平	〃
	山中理沙	〃
	宮崎由佳子	〃
	坂口　織	〃
	Baudry Margaux Laurene	九州大学
	濱谷洋次	九州大学

●2011　時を編む建築

順位	氏　名	所　　属
最優秀賞	坂爪佑丞	横浜国立大学
	西川日満里	〃
	入江奈津子	九州大学
	佐藤美奈子	〃
	大屋綾乃	〃
優秀賞	小林　陽	東京電機大学
	アマングリトウリソン	〃
	井上美咲	〃
	前畑　薫	〃
	山田飛鳥	〃
	堀　光瑠	〃
	齋藤慶和	大阪工業大学
	石川慎也	〃
	仁賀木はるな	〃
	奥野浩平	〃
	坂本大輔	広島工業大学
	西亀和也	九州大学
	山下浩祐	〃
	和田雅人	〃
佳作（タジマ奨励賞）	高橋拓海	東北工業大学
	西村健宏	〃
	木村智行	首都大学東京
	伊藤恒輝	〃
	平野有良	〃
	佐長秀一	東海大学
	大塚健介	〃
	曽根田恵	〃
	澁谷年子	慶應義塾大学
（タジマ奨励賞）	山本　葵	大阪大学
	松瀬秀隆	大阪工業大学
	阪口裕也	〃
	大谷友人	〃
タジマ奨励賞	金　司寛	東京理科大学
	田中達朗	〃
	山根大知	島根大学
	井上　亮	〃
	有馬健一郎	〃
	西岡真穂	〃
	朝井彩加	〃
	小草未希子	〃
	柳原絵里子	〃
	片岡恵理子	〃
	三谷佳奈子	〃
	松村紫舞	広島大学
	鶴崎翔太	〃
	西村唯子	〃
	山本真司	近畿大学
	佐藤真美	〃
	石川佳奈	〃
	塩川正人	近畿大学
	植木優行	〃
	水下竜也	〃
	中尾恭子	〃
	木村龍之介	熊本大学
	隣真理子	〃
	吉田枝里	〃

順位	氏　名	所　　属
	熊井順一	九州大学
	菊野　慧	鹿児島大学
	岩田奈々	〃

●2012　あたりまえのまち／かけがえのないもの

順位	氏　名	所　　属
最優秀賞	神田謙匠	金沢工業大学
	吉田知剛	〃
	坂本和哉	関西大学
	坂口文彦	〃
	中尾礼太	〃
	元木智也	京都工芸繊維大学
	原　宏佑	〃
優秀賞	大谷広司	千葉大学
	諸橋　俊	〃
	上田一樹	〃
	殷　玥	〃
	辻村修太郎	関西大学
	吉田祐介	〃
	山根大知	島根大学
	酒井直哉	〃
	稲垣伸彦	〃
	宮崎　照	〃
佳作	平林　瞳	横浜国立大学
	水野貴之	〃
（タジマ奨励賞）	石川　睦	愛知工業大学
	伊藤哲也	〃
	江間亜弥	〃
	大山真司	〃
	羽場健人	〃
	山田健登	〃
	丹羽一将	〃
	船橋成明	〃
	服部佳那子	〃
	高橋良至	神戸大学
	殷　小文	〃
	岩田　翔	〃
	二村緋菜子	〃
	梶並直貴	山口大学
	植田裕基	〃
	田村彰浩	〃
（タジマ奨励賞）	田中伸明	熊本大学
	有谷友孝	〃
	山田康助	〃
（タジマ奨励賞）	江渕　翔	九州産業大学
	田川理香子	〃
タジマ奨励賞	吉田智大	前橋工科大学
	鈴木翔麻	名古屋工業大学
	齋藤俊太郎	豊田工業高等専門学校
	岩田はるな	〃
	鈴木千裕	〃
	野正達也	西日本工業大学
	榎並拓哉	〃
	溝口憂樹	〃
	神野　翔	〃
	冨木幹大	鹿児島大学
	土肥準也	〃
	関　恭太	〃
	原田爽一朗	九州産業大学
	桥井寛子	九州大学
	西山雄大	〃
	徳永孝平	〃
	山田泰輝	〃

●2013　新しい建築は境界を乗り越えようとするところに現象する

順位	氏　名	所　　属
最優秀賞	金沢　将	東京理科大学
	奥田晃大	〃
	山内翔太	神戸大学
優秀賞	丹下幸太	日本大学
	片山　豪	筑波大学
	高松達弥	法政大学
	細川良太	工学院大学
	伯耆原洋太	早稲田大学
	石井義章	〃
	塩塚勇二郎	〃
	徳永悠希	神戸大学
	小林大祐	〃
	李　海寧	〃
佳作	渡邉光太郎	東海大学
	下田奈祐	〃
	竹中祐人	千葉大学
	伊藤　彩	〃
	今井沙耶	〃
	弓削一平	〃
	門田晃明	関西大学
	川辺　隼	〃
	近藤拓也	〃
（タジマ奨励賞）	手銭光明	近畿大学
	青戸貞治	〃
	羽藤文人	〃
	香武秀和	熊本大学
	井野天平	〃
	福本拓馬	〃
	白濱有紀	熊本大学
	有谷友孝	〃
	中園はるか	〃
	徳永孝平	九州大学
	赤田心太	〃
タジマ奨励賞	島崎　翔	日本大学
	浅野康成	〃
	大平晃司	〃
	髙田汐莉	〃
	鈴木あいね	日本女子大学
	守屋佳代	〃
	安藤彰悟	愛知工業大学
	廣澤克典	名古屋工業大学
	川上咲久也	日本女子大学
	村越万里子	〃
	関里佳人	日本大学
	坪井文武	〃
	李　翠婷	〃
	阿師村珠実	愛知工業大学
	猪飼さやか	〃
	加藤優思	〃
	田中隆一朗	〃
	細田真衣	〃
	牧野俊弥	〃
	松本彩伽	〃
	三井杏久里	〃
	宮城喬平	〃
	渡邉裕二	〃
	西村里美	崇城大学
	河井良介	〃
	野田佳和	〃
	平尾一真	〃
	吉田　剣	〃
	野口雄太	九州大学
	奥田祐大	〃

●2014　建築のいのち

順位	氏　名	所　　属
最優秀賞	野原麻由	信州大学
優秀賞	柚川真美	千葉大学
	末次猶輝	〃
	高橋勇人	〃
	宮崎智史	〃
（タジマ奨励賞）	泊裕太郎	西日本工業大学

（　）はタジマ奨励賞と重賞

順位	氏　名	所　　属
	野田佳和 浦川祐一 江上史恭 江嶋大輔	崇城大学 〃 〃 〃
佳作	金尾正太郎 向山佳穂	東北大学 〃
	猪俣　馨 岡武和規	東京理科大学 〃
	竹之下賞子 小林尭礼 齋藤　弦	千葉大学 〃 〃
	松下和輝 黄　亦謙 奥山裕貴 HUBOVA TATIANA	関西大学 〃 〃 関西大学院外研究生
	佐藤洋平 川口祥茄	早稲田大学 広島工業大学
	手銭光明 青戸貞治 板東孝太郎	近畿大学 〃 〃
	吉田優子 李　春炫 土井彰人 根谷拓志	九州大学 〃 〃 〃
	髙橋　卓 辻佳菜子 関根卓哉	東京理科大学 〃 〃
タジマ奨励賞	畑中克哉	京都建築大学
	白旗勇太 上田将人 岡田　遼 宍倉百合奈	日本大学 〃 〃 〃
	松本寛司	前橋工科大学
	中村沙樹子 後藤あづさ	日本女子大学 〃
	鳥山佑太 出向　壮	愛知工業大学 〃
	川村昂大	高知工科大学
	杉山雄一郎 佐々木翔多 高尾亜利沙	熊本大学 〃 〃
	鈴木龍一 宮本薫平 吉海雄大	熊本大学 〃 〃

●2015　もう一つのまち・もう一つの建築

順位	氏　名	所　　属
最優秀賞	小野竜也 蒲健太朗 服部奨馬	名古屋大学 〃 〃
	奥野智士 寺田桃子 中野圭介	関西大学 〃 〃
優秀賞 (タジマ奨励賞)	村山大騎 平井創一朗	愛知工業大学 〃
(タジマ奨励賞)	相見良樹 相川美波 足立和人 磯崎祥吾 木原真慧 中山敦仁 廣田貴之 藤井彬人 藤岡宗杜	大阪工業大学 〃 〃 〃 〃 〃 〃 〃 〃
	中馬啓太 銅田匠馬 山中　晃	関西大学 〃 〃
	市川雅也 廣田竜介 松﨑篤洋	立命館大学 〃 〃
佳作	市川雅也 寺田　穂	立命館大学 〃
	宮垣知武	慶應義塾大学
(タジマ奨励賞)	河口名月 大島泉奈 沖野琴音 鈴木来未	愛知工業大学 〃 〃 〃
	大村公亮	信州大学
	藤江眞美 後藤由子	愛知工業大学 〃
(タジマ奨励賞)	片岡　諒 岡田大洋 妹尾さくら 長野公輔 藤原俊也	摂南大学 〃 〃 〃 〃
タジマ奨励賞	直井美の里 三井崇司	愛知工業大学 〃
	上東寿樹 赤岸一成 林　聖人 平田祐太郎	広島工業大学 〃 〃 〃
	西村慎哉 岡田直果 阪口雄大	広島工業大学 〃 〃
	武谷　創	九州大学

●2016　残余空間に発見する建築

順位	氏　名	所　　属
最優秀賞	奥田祐大 白鳥恵理 中田寛人	横浜国立大学 〃 〃
優秀賞	後藤由子 長谷川敦哉	愛知工業大学 〃
	廣田竜介	立命館大学
佳作	前田直哉 高瀬　修 田中雄大 柳沢伸也	早稲田大学 〃 東京大学 やなぎさわ建築設計室
	道ノ本健大	法政大学
	北村　将 藤枝大樹 市川綾音	名古屋大学 〃 〃
	大村公亮 出田麻子 上田彬央	信州大学 〃 〃
	倉本義己 中山絵理奈 村上真央	関西大学 〃 〃
	伊達一穂	東京藝術大学
	市場靖崇 藤井隆道	近畿大学 〃
	森　知史 山口薫平	東京理科大学 〃
	高橋豪志郎 北村晃一 野嶋淳平 村田晃一	九州大学 〃 〃 〃
タジマ奨励賞	宮嶋悠輔 門口稚奈 谷　醒龍 濱嶋杜人	日本大学 〃 〃 〃
	久崎雅隆 竹田来任 松枝　朝	日本大学 〃 〃
	福住　陸 郡司育己 山崎令奈	日本大学 〃 〃
	西尾勇輝 大塚謙太郎 杉原広起	日本大学 〃 〃
	伊藤啓人 大山兼五	愛知工業大学 〃
	木尾卓矢 有賀健造 杉山敦美 小林竜一	愛知工業大学 〃 〃 〃
	山本雄一 西垣佑哉	豊田工業高等専門学校 〃
	田上瑛莉香 實光周作 流　慶斗	近畿大学 〃 〃
	蓑原梨里花 井上由理佳 末吉真也 野田崇子	近畿大学 〃 〃 〃
	本山翔伍 北之園裕子 倉岡進吾 佐々木麻結 松田寛敬	鹿児島大学 〃 〃 〃 〃

●2017　地域の素材から立ち現れる建築

順位	氏　名	所　　属
最優秀賞	竹田幸介	名古屋工業大学
	永井拓生 浅井翔平 芦澤竜一 中村　優 堀江健太	滋賀県立大学 〃 〃 〃 〃
優秀賞	中津川銀司	新潟大学
	前田智洋 外薗寿樹 山中雄登 山本恵里佳	九州大学 〃 〃 〃
佳作	原　大介	札幌市立大学
(タジマ奨励賞)	片岡裕貴 小倉畑昂祐 熊谷僚馬 樋口圭太	名古屋大学 〃 〃 〃
	浅井漱太 伊藤啓人 嶋田貴仁 見野綾子	愛知工業大学 〃 〃 〃
(タジマ奨励賞)	中村圭佑 赤堀厚史 加藤柚衣 佐藤未来	日本大学 〃 〃 〃
	小島尚久 鈴木彩伽 東　美弦	神戸大学 〃 〃
	川添浩輝 大崎真幸 岡　実侑 加藤駿吾 中川栞里	神戸大学 〃 〃 〃 〃
	鈴木亜生	ARAY Architecture
タジマ奨励賞	金井里佳 大塚将貴	九州大学 〃
	木村優介 高山健太郎 田口　愛 宮澤優夫 脇田優奈	愛知工業大学 〃 〃 〃 〃

順位	氏　名	所　　属
	小室昂久	日本大学
	上山友理佳	〃
	北澤一樹	〃
	清水康之介	〃
	明庭久留実	豊橋技術科学大学
	菊地留花	〃
	中川直樹	〃
	中川姫華	〃
	玉井佑典	広島工業大学
	川岡聖夏	〃
	竹國亮太	近畿大学
	大村絵理子	〃
	土居脇麻衣	〃
	直永亮明	〃
	朴　裕理	熊本大学
	福田和生	〃
	福留　愛	〃
	坂本磨美	熊本大学
	荒巻充貴紘	〃

●2018　住宅に住む、そしてそこで稼ぐ

順位	氏　名	所　　属
最優秀賞	駒田浩基	愛知工業大学
(タジマ奨励賞)	岩﨑秋太郎	〃
	崎原利公	〃
	杉本秀斗	〃
優秀賞	東條一智	千葉大学
	大谷拓嗣	〃
	木下慧次郎	〃
	栗田陽介	〃
(タジマ奨励賞)	松本　樹	愛知工業大学
	久保井愛実	〃
	平光純子	〃
	横山愛理	〃
	堀　裕貴	関西大学
	冀 晶 晶	〃
	新開夏織	〃
	浜田千種	〃
	髙川直人	九州大学
	鶴田敬祐	〃
	樋口　豪	〃
	水野敬之	〃
佳作	宮岡喜和子	東京電機大学
	岩波宏佳	〃
	鈴木ひかり	〃
	田邉伶夢	〃
	藤原卓巳	〃
	田口　愛	愛知工業大学
	木村優介	〃
	宮澤優夫	〃
(タジマ奨励賞)	中家　優	愛知工業大学
	打田彩季枝	〃
	七ツ村希	〃
	奈良結衣	〃
	藤田宏太郎	大阪工業大学
	青木雅子	〃
	川島裕弘	〃
	国本晃裕	〃
	福西直貴	〃
	水上智好	〃
	山本博史	〃
	朝永詩織	大阪工業大学
	石野隼丸	〃
	栢木俊樹	〃
	川合俊樹	〃
	橋本遼馬	〃
	福田翔万	〃
	福本純也	〃
(タジマ奨励賞)	浅井漱太	愛知工業大学
	伊藤啓人	〃
	川瀬清賀	〃
	見野綾子	〃
	中村勇太	愛知工業大学
	白木美優	〃
	鈴木里菜	〃
	中城裕太郎	〃
タジマ奨励賞	吉田鷹介	東北工業大学
	佐藤佑樹	〃
	瀬戸研太郎	〃
	七尾哲平	〃
	大方利希也	明治大学
	岩城絢央	日本女子大学
	小林春香	〃
	工藤浩平	東京都市大学
	渡邉健太郎	日本大学
	小山佳織	〃
	松村貴輝	熊本大学

●2019　ダンチを再考する

順位	氏　名	所　　属
最優秀賞	中山真由美	名古屋工業大学
	大西琴子	神戸大学
	郭　宏阳	〃
	宅野蒼生	〃
優秀賞	吉田智裕	東京理科大学
	倉持翔太	〃
	高橋駿太	〃
	長谷川千眞	〃
	髙橋　朋	日本大学
	鈴木俊策	〃
	増野亜美	〃
	渡邉健太郎	〃
	中倉　俊	神戸大学
	植田実香	〃
	王　憶伊	〃
	河野賢之介	熊本大学
	鎌田　蒼	〃
	正宗尚馬	〃
佳作	野口翔太	室蘭工業大学
	浅野　樹	〃
	川去健翔	〃
	根本一希	日本大学
	勝部秋高	〃
	竹内宏輔	名古屋大学
	植木柚花	〃
	久保元広	〃
	児玉由衣	〃
(タジマ奨励賞)	服部秀生	愛知工業大学
	市村達也	〃
	伊藤　謙	〃
	川尻幸希	〃
(タジマ奨励賞)	繁野雅哉	愛知工業大学
	石川竜暉	〃
	板倉知也	〃
	若松幹丸	〃
	原　良輔	九州大学
	荒木俊輔	〃
	宋　　萍	〃
	程　　志	〃
	山根　僚太	〃
タジマ奨励賞	山下耕生	早稲田大学
	宮嶋雛衣	〃
	大石展洋	日本大学
	小山田駿志	〃
	中村美月	〃
	渡邉康介	〃
	伊藤拓海	日本大学
	古田宏大	〃
	横山喜久	〃
	宮本一平	名城大学
	岡田和浩	〃
	水谷匠磨	〃
	森　祐人	〃
	和田保裕	〃
	皆戸中秀典	愛知工業大学
	大竹浩夢	〃
	桒原　峻	〃
	小出里咲	〃
	三浦萌子	熊本大学
	玉木蒼乃	〃
	藤田真衣	〃
	小島　宙	豊橋技術科学大学
	Batzorig Sainbileg	〃
	安元春香	〃
	山本　航	熊本大学
	岩田　冴	〃

●2020　外との新しいつながりをもった住まい

順位	氏　名	所　　属
最優秀賞	市倉隆平	マサチューセッツ工科大学
優秀賞	冨田深太朗	東京理科大学
	高橋駿太	〃
	田島佑一朗	〃
(タジマ奨励賞)	中川晃都	日本大学
	北村海斗	〃
	馬渡侑那	〃
(タジマ奨励賞)	平田颯彦	九州大学
	土田昂滉	佐賀大学
	西田晃大	〃
	森本拓海	〃
佳作	山﨑　巧	室蘭工業大学
	恒川紘和	東京理科大学
	佐々木里佳	〃
	田中大我	〃
	楊　葉霊	〃
	根本一希	日本大学
	渡邉康介	〃
	中村美月	〃
	勝部秋高	日本大学
	篠原　健	〃
	四方勘太	名古屋市立大学
	片岡達哉	〃
	喜納健心	〃
	岡田侑也	〃
	大杉悟司	京都府立大学
	川島史也	〃
	小島新平	戸田建設
タジマ奨励賞	小山田陽太	東北工業大学
	山田航士	日本大学
	井上了太	〃
	栗岡雅己	〃
	柴田貴美子	神戸大学
	加藤亜海	〃

順位	氏　名	所　　属
	佐藤駿介	日本大学
	石井健聖	〃
	大久保将吾	〃
	駒形吏紗	〃
	鈴木亜実	〃
	高坂啓太	神戸大学
	山地雄統	〃
	幸田　梓	〃
	大本裕也	熊本大学
	村田誠也	〃
	今泉達哉	熊本大学
	菅野　祥	〃
	簗瀬雄己	〃
	稲垣拓真	愛知工業大学
	林　佑樹	〃
	松田茉央	〃

（　）はタジマ奨励賞と重賞

まちづくりの核として福祉を考える
2021年度日本建築学会設計競技優秀作品集　定価はカバーに表示してあります。

2021年12月25日　1版1刷発行　ISBN 978-4-7655-2626-5 C3052

編　者　一般社団法人日本建築学会
発行者　長　滋　彦
発行所　技報堂出版株式会社

〒101-0051　東京都千代田区神田神保町1-2-5
電　話　営　業（03）（5217）0885
編　集（03）（5217）0881
ＦＡＸ（03）（5217）0886
振替口座　00140-4-10
http://gihodobooks.jp/

日本書籍出版協会会員
自然科学書協会会員
土木・建築書協会会員

Printed in Japan

装幀　ジンキッズ　印刷・製本　朋栄ロジスティック